集落営農の事例に学ぶ

集落・地域ビジョンづくり

農文協・編
楠本雅弘・解説

希望と知恵を「集積」する話し合いハンドブック

農文協

まえがき

２０１３年12月、安倍首相を本部長とする「農林水産業・地域の活力創造本部」は「農林水産業・地域の活力創造プラン」を公表し、それを受けた農林水産省は、「新たな農業・農村政策」を発表しました。その大きな特徴のひとつは、各都道府県に第三セクターとして「農地中間管理機構」を設け、農地利用調整の主体を市町村から「機構」に移し、「公募」による農外企業の参入も含め、農地集積を促進するというものです。

農地の集積にあたっては、農地を貸し付ける地域に「地域集積協力金」、経営転換・リタイアする農家に「経営転換協力金」、農地の集積に協力する農家に「耕作者集積協力金」が支払われることになり、すでに約１０００億円にのぼる関連予算が措置されています。

戦後農地法の精神であった「農地の地域管理」や「農地の自主管理」の否定につながりかねない「公募」による農外企業も含む農地の集積は、財界の意向を受けた規制改革会議や産業競争力会議などの干渉によるものであり、これに対しては国会での超党派的な活動で「農地中間管理事業の推進に関する法律」への修正と15項目にも及ぶ附帯決議がなされ、修正では「地域との調和に配慮した農業の発展を図る観点」から、事実上、市町村などの地域が中間管理機構の独走を牽制する色彩を強め、附帯決議は「農地中間管理機構が十分に機能し、農地の集積・集約化の成果をあげていくためには、地域における農業者の徹底した話合いを積み重ねていくことが必要不可欠である」としています。

農文協では、地域の農業の担い手はだれか、農地をどう集積するかだけではなく、「農地の地域管理」「農地の自主管理」の精神を貫き、地域における徹底した話し合いの積み重ねにもとづいて家族農業とむらを守り、むらの未来を描くビジョンをつくり、そして「地域からの、住民主体の農政改革」としての集落営農を実現するために、本書を出版することとしました。

本書の内容は、農家の愛読誌・月刊『現代農業』の記事を中心に、集落ビジョンの話し合い・つくり方（ＰＡＲＴ１）から、飼料米を含む田んぼフル活用（ＰＡＲＴ2）、野菜・果樹・畜産による新たな地域と産地づくり（ＰＡＲＴ3）、上手な機械利用（ＰＡＲＴ4）、担い手づくり・農福連携（ＰＡＲＴ5）をまとめたものです。農地の集積の前にむらの夢や希望、知恵や工夫を「集積」するために、むらの学習会や研修、視察などにご本書を活用いただけたら幸いです。

２０１4年5月

農山漁村文化協会編集局

PART2 田んぼもイネもフル活用

PART3 新たな産地と仕事づくり

JAの取り組み

新農政の活用による地域営農ビジョン実践強化

◆JA全中営農・農地総合対策部 担い手・農地対策課 課長 田村政司

■おことわり 本書のPART1～5に登場する方々の年齢や肩書き、「〇年前」などの表現は、各記事の末尾に表示している月刊『現代農業』等に掲載時のものです。

解説

進化し続ける集落営農

農業を黒字に変え、農を基礎に据えたゆたかな地域、
子どもの声が聞こえるムラを再生する地域からの農政改革

農山村地域経済研究所長　楠本　雅弘

1、集落営農の大きな可能性

(1) 日本農業の「弱点」を「強さ」に変える新しい協同

いま、産業界や新自由主義路線を推進する一部の論者たちは、声を揃えて農業批判を繰り広げている。

いわく、「日本の土地利用型農業は経営規模が零細で、非効率で農産物のコストが高い。兼業農家ばかりでプロの担い手が育たない。高齢者ばかりで若い跡継ぎがいない。耕作放棄地がどんどん増えている。企業と組むべきだ。企業に農地の所有を認めよ……」と。

ところが、いま全国の農山村で、下心を持った批判者たちのいう「弱点」を、一挙に「強み」として生かし、赤字の農業を黒字に変える新しい「社会的協同経営体」が急速に広がっている。一般に、「集落営農」と呼ばれている新しい営農方式がそれである。

(2) 農山村地域の「悩み」をまとめて解決

いま、全国の農山村地域の住民が直面している共通

の悩み、課題は、多少の地域差はあるが、次の4点に集約できる。

①過疎化、高齢化、後継者不足
②農業経営の不採算（いわゆる機械化貧乏）
③獣害問題
④耕作放棄地・荒廃地の増加

このような問題を解決するために、これまでも官民をあげてさまざまな対応策が講じられてきたが、個別の対症療法的な対策ではなかなか効果があがらなかった。これらの問題は、個々に独立して発生するのではなく、根がつながっており、相互に関連し絡みあっているからである。

これに対して、集落営農を組織して地域住民が協同して取り組めば、これらの難題をまとめて解決できる、もっとも有効な最善の方法であることが実証されつつある。

もちろん、2、3年の活動で、一朝一夕に効果がでるような問題ではない。地域の実情に応じた創意工夫を加え、10年、20年と運動を持続してはじめて手応えのある成果が期待できる。

この30年、県をあげて取り組んできた「集落営農先進県」のひとつ島根県では、広島県との県境の中国山地の最奥部に位置する邑智郡の邑南町や美郷町で、定年帰農者だけでなく、Uターン・Iターンなど若い世代の帰村・移住が着実に増加を続け、ついに人口の社会増、15歳未満の若年人口の増加が実現した（邑南町の事例は、本書の「PART5　担い手づくり・農福連携」にもその一部を紹介している。また小田切徳美・藤山浩編著『地域再生のフロンティア』、2013年農文協発行、とくにその第3章、「集落営農の新展開」を参照していただきたい）。

(3)　地域からの、住民が主体の農政改革

いまの政権が推し進めようとする「戦後最大の農政改革」は、TPPなどのグローバル経済に対応して、高齢農家・小規模農家に離農廃業を迫り、ひとにぎりの「勝ち組」や参入企業に農地を集めて、大規模化による「強い農業」をつくろうという、地域破壊路線である。

すなわち、30～100軒の農家が廃業し、その農地を1つの大規模経営や参入企業に集約すれば、その地域は活力を失い過疎化する。

これ以上、農山村地域から農家を減らし、定住人口を減らしてはならない！

これに対抗する、地域住民が主体的に取り組む集落営農運動は、農業をはじめ地域が直面している諸課題を解決し、また地域資源を保全・活用しながら、張り合いを持って暮らし続けられる地域をつくるため、自主的に相談・協議し、それぞれの悩みや希望を出しあい、想いを結集した地域の将来構想（「集落ビジョン」）を描く。必要に応じて改訂しながら、その実現を目指して持続的に取り組む協同活動である（※地域の将来像、集落ビジョンをどのようにまとめるのか、その内容などについては本書の「ＰＡＲＴ１　みんなで描く地域の将来ビジョン」に、具体例を紹介している）。

２、集落営農の定義と組織の特質

（１）集落営農は地域住民による３分野の協同活動の結合組織

地域の自然環境や社会的経済的条件に対応して集落営農の組織形態・運営方式・活動内容は多様である。

筆者は、全国の集落営農の実態を調査し、多様・多彩な展開を続ける集落営農に通底・共通する「本質」を考察した結果、集落営農を次のように定義した。

「集落営農とは、『地域環境の維持保全の協同活動』『生産の協同活動』『暮らしの協同活動』という地域住民の３分野の協同活動が、図１に掲げるような『三位一体構造』で結合した『社会的協同経営体』である」（楠本雅弘著『進化する集落営農』、２０１０年農文協発行）。

「社会的協同経営体」とは、私的利益を追求する「私的資本」とは異なる、地域の公益を目的に拠出され蓄積・管理される『社会的資本』によって、持続的に運営される自治的組織である。『私的稼業』として営まれてきた農業の社会化を目指すしくみ、と考えることもできよう。

①集落営農の活動分野は、農業生産活動だけではない

集落営農運動は、前述した「地域ビジョン」を実現するための協同活動であるから、農地を守り、より高度に活用した農業生産活動に取り組むことは基本的な分野ではあるが、それだけではない。

「地域ビジョン・集落ビジョン」に盛り込んだ、安心して暮らせる、農を基礎とするゆたかなむらづくりの分野が重要である。

市町村合併によって公共交通や福祉サービスなどが民間委託されたり、縮小・廃止されて、地域住民の利

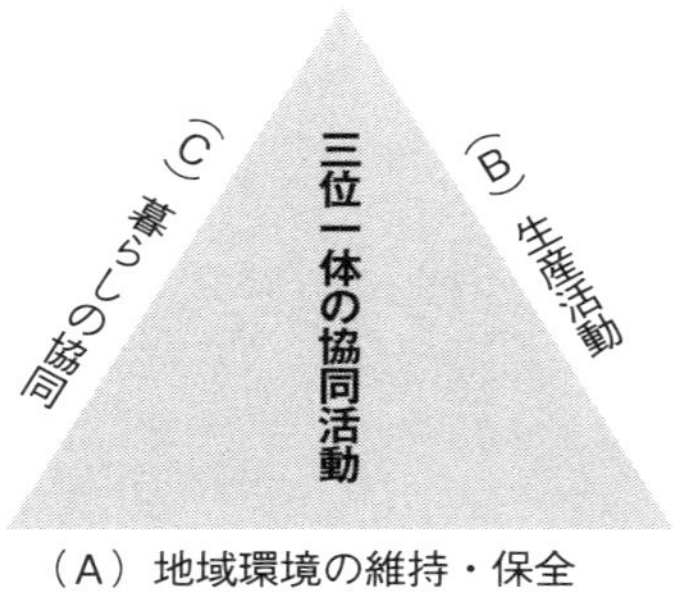

（A）「地域環境の維持・保全の協同」＝地域社会が存続するための基盤である農地・農道・水利施設・里山などの地域資源を公益的に共同管理し、より高度に活用するための協同活動
（B）「生産の協同」＝農地等の地減資源と地域の労働力（人材）、資金（資本）、情報等を結合・結集した協同生産活動
（C）「暮らしの協同」＝人びとが安心して暮らし、充実した人生を送れるよう、支え合い助け合う地域の自治・生活福祉の協同活動

図1　集落営農とは、地域住民による3分野の協同活動の結合体である

便性が低下することが心配される農山村地域において、集落営農法人がその受け皿となって、高齢者の外出支援サービスや公共施設の運営を請け負って地域住民の生活を支えている例もある。また、農協が閉鎖した地域売店を引き継いだり、ガソリンスタンド、育苗センターやライスセンターを運営する法人もある。

廃校になった小学校舎を拠点に、都会の子どもたちを招いて自然体験・食農教育を実施したり、地域の子どもたちの学童保育を行なう組織もある。

女性たちの農村レストランが、地域のイベントの弁当づくりを引き受け、ひとり暮らしの高齢者に福祉弁当を配達したり、旧校舎に診療所を開設して、安心して暮らせる村づくりに貢献するなど、まさに地域の再生・希望の拠りどころになっている法人もある。

本書の「PART5　担い手づくり・農福連携」で紹介している、島根県出雲市の「㈲グリーンワーク」や雲南市の「(農)槻之屋ヒーリング」と「槻之屋振興会」の活動は、まさに住民の生活を支える「地域貢献」事業である。

②みんなで少額ずつ出資して組織をつくり、運営に参画し、みんなで働くしくみ——集落営農は、生涯現役で張り合いを持って働くことを保証する

集落営農には、農家・非農家の別なく、年齢の如何、男女の性別を問わず希望者は全員参加し張り合いを持って働き、報酬を受け取ることができる。地元出身で都市に住んでいる人、提携関係にある消費者や企業も構成員になって共存同栄できる。

「若い後継者・兼業従事者・技を持った90歳の元気老人・女性たち、あなた方はみんな地域の人材だ！」

さまざまな職業経験を持った地域の多彩な人材が、その立場（条件）に応じて参加し、都合や能力に応じて「生涯現役」で張り合いを持って働くことで、1軒ごと、個人ではできない経営の多角化や多分野の活動が可能になる。

現代の農山村社会には多様な職業経験をもった人材がそろっている（公務員、IT技術者、電気・機械、営業、金融、経理・会計、食品加工、介護・看護・福祉、教育・保育、運輸、土木建設等々あらゆる職種のOB・OGそして現職）。集落法人ではこれらの人材を結集して、経営の多角化やいわゆる6次産業化を実現している。

その結果、組織の販売収入も数千万～数億円に達し、農政交付金を含めた総収益のおおよそ半分程度を地代、労賃、委託料・管理料、役員報酬等の費目で構成員（地域）に分配・還元している。

地域社会を支えてきた伝統的な家族農業を基礎としつつ、多様な人材を結集した「地域社会農業（ソーシャル・ビジネス）」あるいは「地域という業態（コミュニティ・ビジネス）」を構築する運動である。

③集落営農に参加すると、個人ごとの農業支出がゼロになり、赤字の農業が黒字に——今より悪くなる人、損をする人を1人も出さない、みんなが得するしくみ

※1軒ごとの農地の所有権は法律で保証することを条件に、その利用については、地域の合意で「公益的な組織である集落営農法人」をつくってそこに預け、その農地をより高度に活用し、より低コストに農産物を生産・販売してより多くの価値を生み出して「地域の所得」を増やし、地域（構成員）に分配する。

※預けた農地はきちんと耕作・管理してもらえるので、荒廃の心配がない。

※個別農家は、機械・設備の購入・更新のための資金を支出する必要がなくなる（機械・設備は組織で揃える）。

※個別農家は、種苗・肥料・農薬等の農業経費を個別

に支出する必要がなくなる（すべて組織が「大口割引き」で購入する）。

※個別農家には、組織から地代・出役労賃・役員報酬・委託料などを分配されるが、すべて純所得＝手取りである。

④集落営農法人は、倒産の心配がない「百年組織」

集落営農法人の決算書を分析してみると、設立後の経過年数の長短などによって多少の差はあるものの、平均的にみて、政策的交付金を含めた総収入の40～50％を構成員に分配し、30～40％を生産資材の購入のために外部へ支払い、残りの10～20％を将来の機械・設備の更新に備えて準備金・積立金など内部留保している。

地代や人件費等の生産費は法人の経営からみると「経費の支払い」であるが、その支払先が構成員（地域）であり、地域外から稼いだ資金を地域の内部に分配・循環させるしくみとなっていることが、他の法人経営体と異なる特質を備えている。

また、非課税で積立てられる経営基盤強化準備金を含めて、利益剰余金を満額内部留保するしくみなので、充分な自己資金を保有した健全な経営体質となり、経営の安定と持続的発展が可能な組織体である。

⑤集落営農の成功の鍵は「女性パワー」

国の補助金の受け皿的な、米と転作の麦・大豆だけの組織は、ごく少数の役員兼オペレーターのみが活動するに止まり、売上げを伸ばすこともむずかしく、また資金繰りがきびしい。

図2のように、園芸作物・畜産・加工・直売所なども取り込んだ経営の多角化・複合化が不可欠であり、そのためには女性たちの参加と活躍が鍵になる。

本書の「ＰＡＲＴ３　新たな産地と仕事づくり」に収録した、島根県邑南町の「(農)星ヶ丘」は、組合員18戸、経営面積10haの小規模な集落営農法人であるが、７haで栽培する水稲の売上が補助金を含めて１０００万円に対し、３haで栽培するナス・白ネギ・レタスなど10品目の野菜が２５００万円に達する。この野菜はおもに女性たちの担当で90歳の高齢女性も元気に働いている（本書１１８ページ参照）。

また、山口県長門市の「(農)アグリ中央」が、牛の水田放牧によって耕作放棄地の解消と条件の悪い水田の維持管理に効果をあげているが、その牛の飼育を担当しているのは女性従業員である（57ページ参照）。

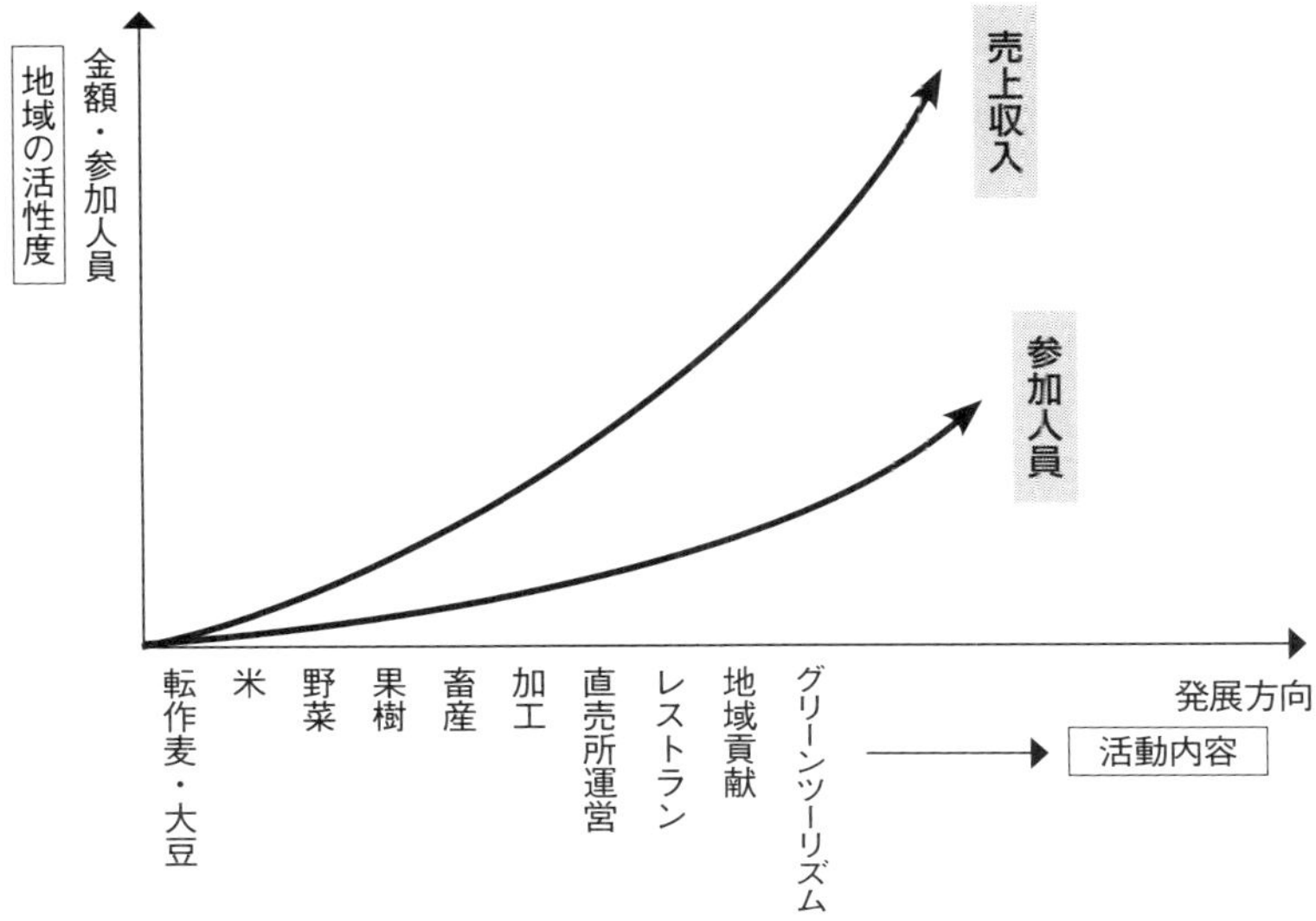

図2　集落営農の発展方向と地域の活性度

さらにまた、和歌山県古座川町の「(農)古座川ゆず平井の里」の女性組合員たちの活躍ぶり（133ページ参照）を読めば、筆者の主張に納得していただけるであろう。

ついでに付け加えておくと、家長だけを構成員（正組合員）とするよりも、女性や後継者世代（他産業に従事していても）を最初から正組合員にして女性部・青年部を設けて活動に参画してもらうほうが、発展の可能性が大きい。

3、集落営農をどう組織するか

(1) 集落を単位に「2階建て方式」で組織するのが基本型

集落営農は、図3のように、集落を単位に「2階建て方式」で組織するのが「基本型」である。図3では、1階部分の組織である集落を筆者が見分した事例をもとに模式的に描いてあるが、地域によってその組織のあり方や名称など多様である。現在では、歴史的に形成された集落（いわゆる「センサス集落」）と市町村行政の基礎的住民組織（いわゆる「行政区」、名称は「区・自治会・町内会……」など地域によって多様）と

1階は「自治会（町内会)」、2階に実業組織としての「集落営農法人」を載せる

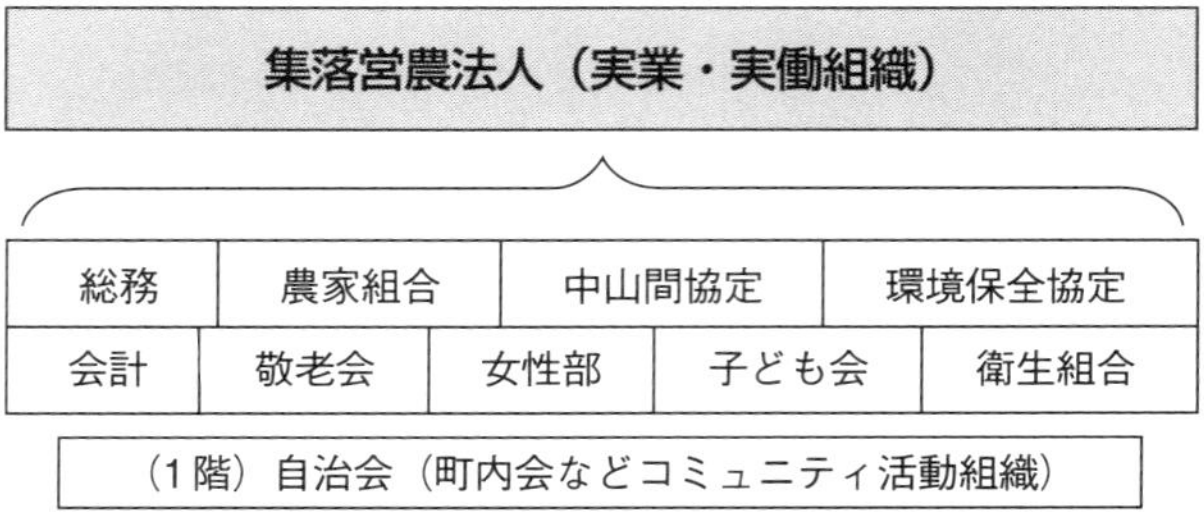

図3　集落を単位に「2階建て方式」で組織するのが「集落営農の基本型」

が、一致する場合もあるが、多くの場合は1行政区に複数の集落が含まれている。この場合、企画・連絡・調整機能が行政区で一体感をもって運営されているならば、実体に即して、「1階は自治会や町内会などの住民の自治活動の基本組織」と考えていただきたい。

読者の中には、「なぜ『2階建て方式』というのか？」、「なぜ2階建てにする必要があるのか？」など、疑問を抱かれる人があるかもしれない。図4を用いて、簡単に説明を加えておきたい。

まず、図4を眺めて、この図が「2階建ての1軒家」の形をしていることから「2階建て方式」という名称を思いついたことは理解していただけるであろう。

では、なぜ、1階と2階に組織を分ける必要があるのだろうか？　図4に示したように、経済活動を行う2階部分の組織と、企画・立案・連絡・調整などの役割を担う1階部分の集落とはその性質・立場が異なるから、これを一緒にしてしまうことはできないのである。非営利の立場の1階部分と、実業組織として経済活動を担当する2階部分とは、機能（立場と役割）を分ける必要がある。なお、1階部分と2階部分の全体を一体的にとらえて集落営農と考えることを力説しておきたい。

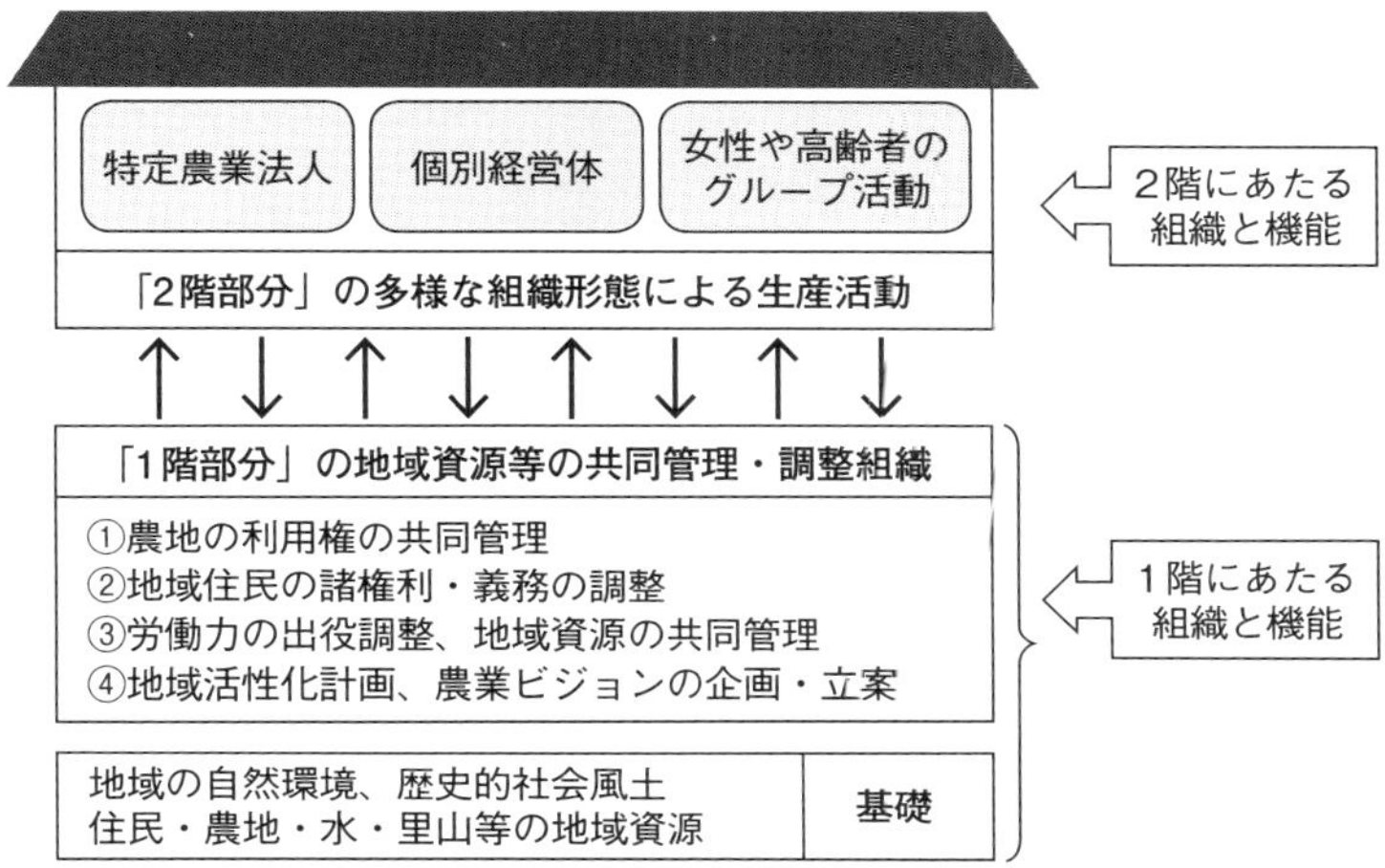

図4　「2階建て方式」の機能面からの説明

（2）昭和の合併前の旧村（または学校区）を組織の母体とする「新2階建て方式」

最近、とくに中山間地域においては、高齢化や人口減少によって、集落機能の弱体化が進行しており、集落を単位に組織したのでは規模が小さすぎて充分な活動がむずかしいと想定される場合には、昭和の合併前の旧村（あるいは学校区）を単位として集落営農を組織すれば、より大きな可能性が期待できる。いわば「2階建て方式の進化形」である。

この方式の原型になったのが、前掲『進化する集落営農』で紹介し、またＤＶＤ『語ろう！ つくろう！ 農業の未来を！』（ＪＡ全中企画、農文協発売）でも映像化した、広島県東広島市に合併した旧河内町の小田地区の事例である。

小田地区は、江戸時代の小田村で明治22年から昭和31年まで65年間、役場・農協・商工会・小学校・中学校が揃った独立自治体であった。昭和の合併で近隣の5村合併で河内町の一部となって以降、過疎化の進行にともない、旧役場・農協・商工会・中学校・小学校が次々に姿を消してしまった。平成の大合併で人口18万人の東広島市への編入問題が持ち上がった際、大都市の僻遠地区となってますます行政サービスが切り捨

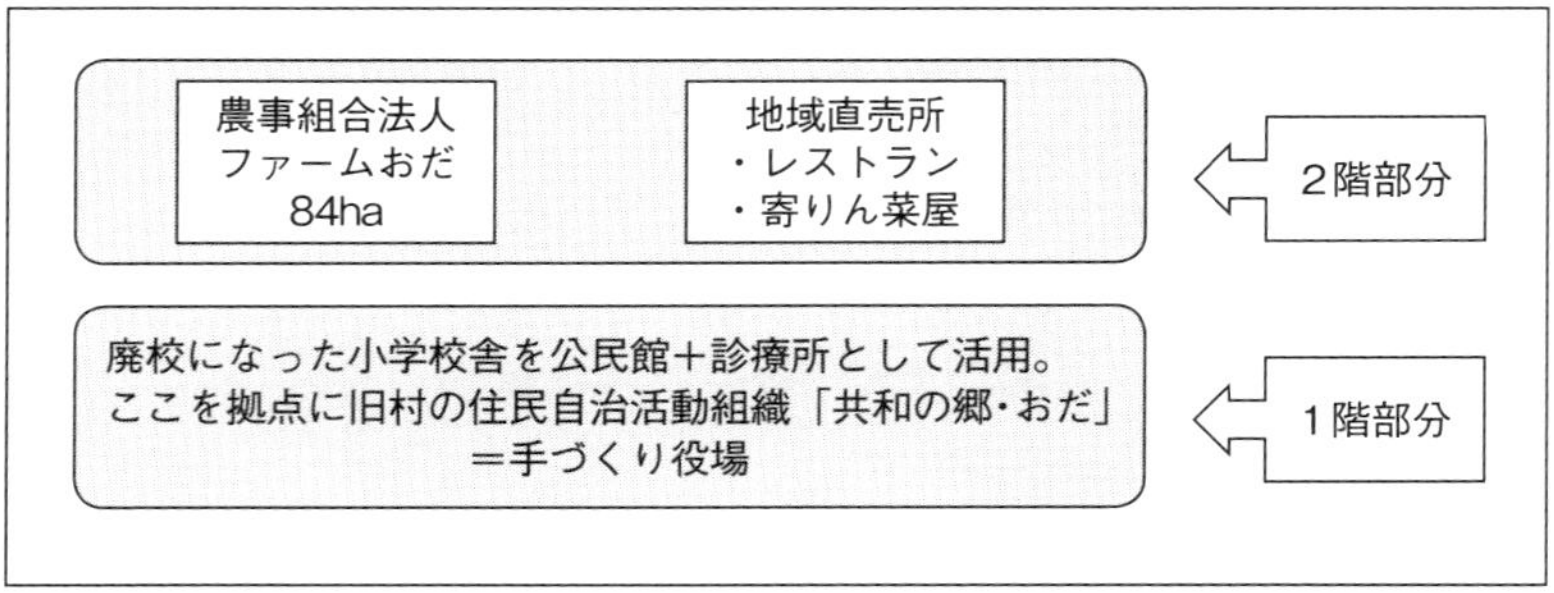

1階部分：地域住民のコミュニティ活動・自治の単位
2階部分：旧農協＋旧商工会の経営活動の復活体としての集落営農法人

図5　昭和の合併前の旧村（15自治会）を、2階建てに組織した「新2階建て方式」の集落営農
（広島県東広島市河内町小田地区の例）

てられ、安心して暮らし続けられなくなってしまうのではないかとの危機感が住民の自治意識を目覚めさせ、「自分たちの手で地域をつくり直そう」という住民運動の結果、図５に掲げたような「新２階建て方式」の集落営農が立ち上がった。

図５でわかるように、１階部分は住民自治活動組織＝「手づくり役場」、２階部分は旧農協と旧商工会を事実上復活させた形となっており、１階と２階を合わせた全体が集落営農なのである。

「共和の郷・おだ」は法人格を持たない地縁団体であるが、最近では、１階部分も地方自治法による法人格を取得し、自治会館や基金・積立金、その他の共有財産の主体として名実ともに「手づくり自治区（役場）」の実態を備え、２階部分の法人格をもった経済活動組織との連携活動がさらに充実している事例が増えつつある。本書の「ＰＡＲＴ５　担い手づくり・農福連携」で紹介している島根県雲南市の槻之屋振興会は、その実例である（１８８ページ参照）。

図６に示した東広島市の小田地区の事例の１階部分にあたる、住民の自治活動組織「共和の郷・おだ」は、昭和の合併で消滅した旧「小田村」を「手づくり役場（自治区）」として復活させたものである。

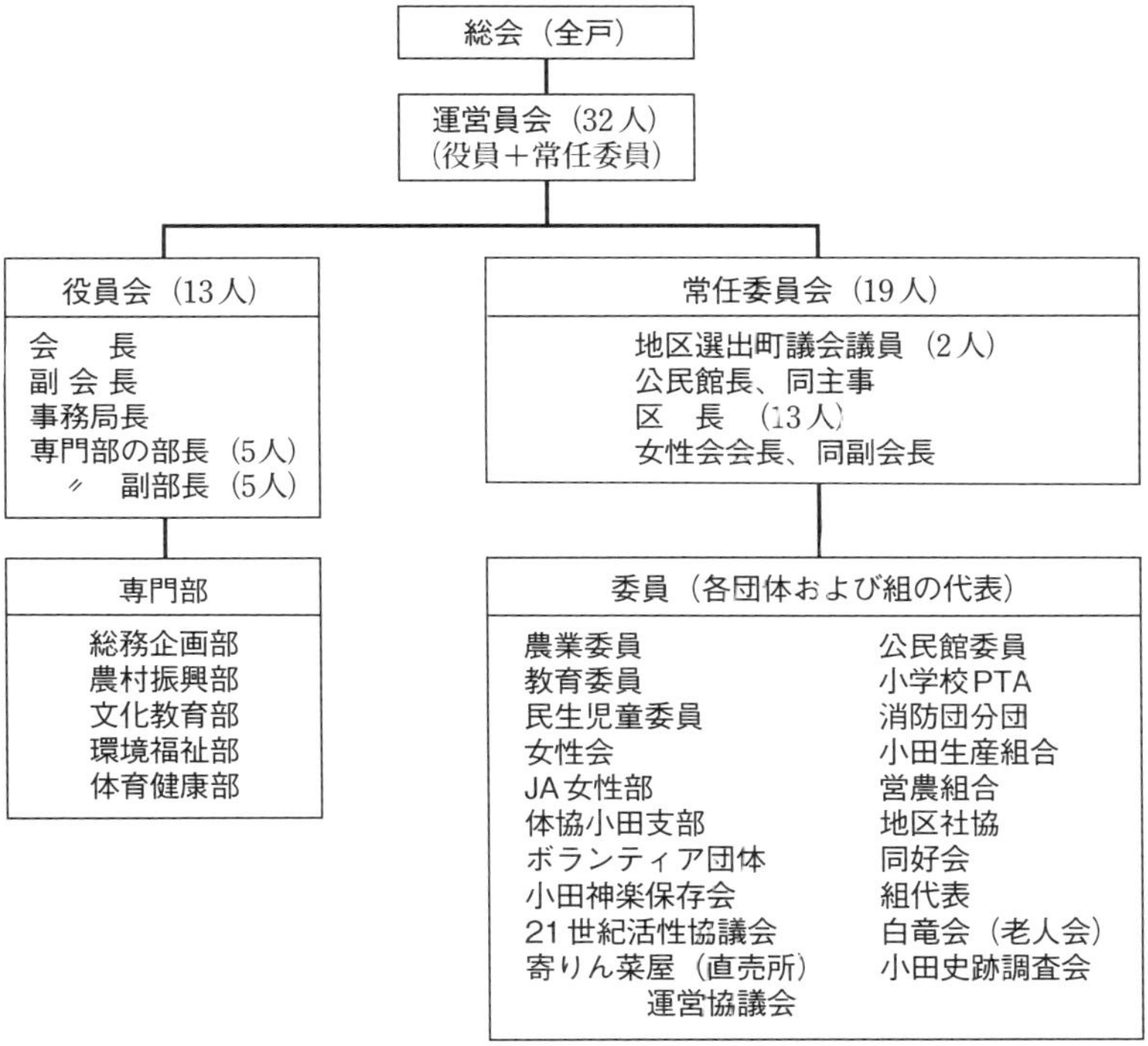

図6　新2階建て方式の1階部分である「共和の郷・おだ」の組織図（発足時）

この新2階建て方式は、今後の地域振興運動に多くの示唆を与える注目すべき動きだと考えるので、関心を持たれる読者のために、その組織図を図6に掲げた。前掲『進化する集落営農』の194〜207ページで詳しく紹介しているので併読願いたい。

4、「2階部分の法人化」はなぜ必要なのか?
――「人・農地プラン」との関連も

ここまでの説明では、とくに説明を加えることもなく「集落営農法人」という用語を使ってきた。2階建て方式の集落営農組織が農事組合法人や株式会社などの法人格を持っている場合であり、ことさら詳しく説明する必要がないと考えていた。

ところが、農山村の現場では「集落営農組織の法人化」が大きな課題になっている。農林水産省の調査によれば、全国には約1万4000の集落営農組織が活動しているが、そのうち法人格を持った組織は約3000（20％）にとどまっている（本書の巻末の資料参照）。

国の農業政策の柱である経営所得安定対策に集落営農として参加するには「法人化」を義務付けており、そうでない場合は一定期間までに法人化することを条件とする「特定農業団体」という特例扱いでの参加が認められている。5年間の猶予期間が過ぎても法人化せず、猶予期間の延長という特例で綱渡りをしている組織が多い。国や県は法人化を迫っており、農政担当者にとっても、組織の役員にとっても「頭痛のタネ」となっている。

法人化が進まない理由は種々考えられるが、集落のリーダーたち、そして農政担当者が、「法人化の意義」を正しく理解・納得していないことが最大の原因だと筆者は考えている。

そこで、なぜ法人化が必要なのかを箇条書きにまとめて図7に整理しておいた。

研修会などで、受講者から「法人化のデメリット（欠点・マイナス）も示せ！」という質問を受けることがある。図7の（1）で断言しているように、法人化することはメリット（長所・プラス・利点）ばかりで、デメリットは皆無である。集落営農は、法人化することで「100年続けられる永続組織」になれる。

図7に掲げた「法人化のメリット」のうち、（2）の組織として農地を借りることができる、（3）の組織として財産を所有することができる、（5）に含まれる若い人材を雇用し、地域の後継者を育てることができる、の3点が、基本的に重要な論点である。

ここでは、組織として農地を借りることができるというメリットを、安部政権が、TPPと企業参入とをセットで推進しようとしている「規模拡大農政」に対峙し、住民主体の地域農業改革の拠りどころとするという視点から、「集落営農組織の法人化」に取り組む必要性を訴えたい。

そのキーワードになるのが「人・農地プラン（地域ビジョン）」である。安部政権による「強い農林水産業創造プラン」に向けた4本柱のうち「生産現場の強化」の方法として、「農地中間管理機構を創設し、担い手への農地利用の集積・集約化を進め」、経営規模を拡大し、「強い農業をつくる」という筋書きになっている。

農林水産省の説明資料によれば、農地中間管理機構のしくみは図8の通りである。

その際、「人・農地プラン」（地域ビジョン）の策定

（1）法人には以下のような大きな可能性・長所があり、欠点（デメリット）はない。

（2）組織として農地の利用権設定（借入れ）を受けられる。
（農地を所有することもできるが、所有は避けた方がよい！）
※個人対個人の貸借や受委託関係は、安定的でなく継続性がない（相手の事情で、いつか解約される可能性が大）。
※法人は、役員が変わろうとオペレーターが交代しようと、組織として契約したもので法的保証があり、安心して預けられ、また安心して預かることができる。

（3）組織として、財産（資産・資金）を所有することができる。
農業機械・施設・建物・車輌運搬具
現金・預貯金・経営基盤強化準備金積立金（将来の機械設備の更新に備えて非課税で5年間積立てる）

（4）組織として資金を借りることができる。
任意の営農組合は借入れ資格がないので、組合長個人の責任で借用しなければならず、役員個人の責任負担が大きい。

（5）組織として取引や契約の主体（当事者・責任者）になれる。
売買・賃貸借契約、制度・組織への加入、労働者の雇用（社会保健に加入するので従事者が安心して働くことができる＝権利・厚生、年金、労災補償）

（6）法人は、個人（自然人）とは別個の「独立した社会的主体」として、永続的（自らの意志で解散しない限り）に存続が法的に保証される。
役員や構成員が交代しようとも組織は存続する。
農協・土地改良区・共済組合と同じ。

（7）法人の構成員は有限責任であり、最初から責任範囲（出資金のみ）を確定して参加できる。
任意の営農組合の構成員は無限連帯責任なので、最終的にどれだけの責任を負うのか不明確である。

（8）任意の営農組合には、法人化しないことのデメリット（不利益・欠点）が多数ある。
※農地を借りることができない。
※預貯金・積立金を積み立てることができないので資金繰りに苦労する。（2重帳簿・3重帳簿が必要になり、会計責任者に多大な責任を負わせることになる。）
※役員に公私混同の苦悩を負わせる。
※若い人の雇用（地域の後継者の育成）に無力。

図7　法人化すれば100年続けられる！

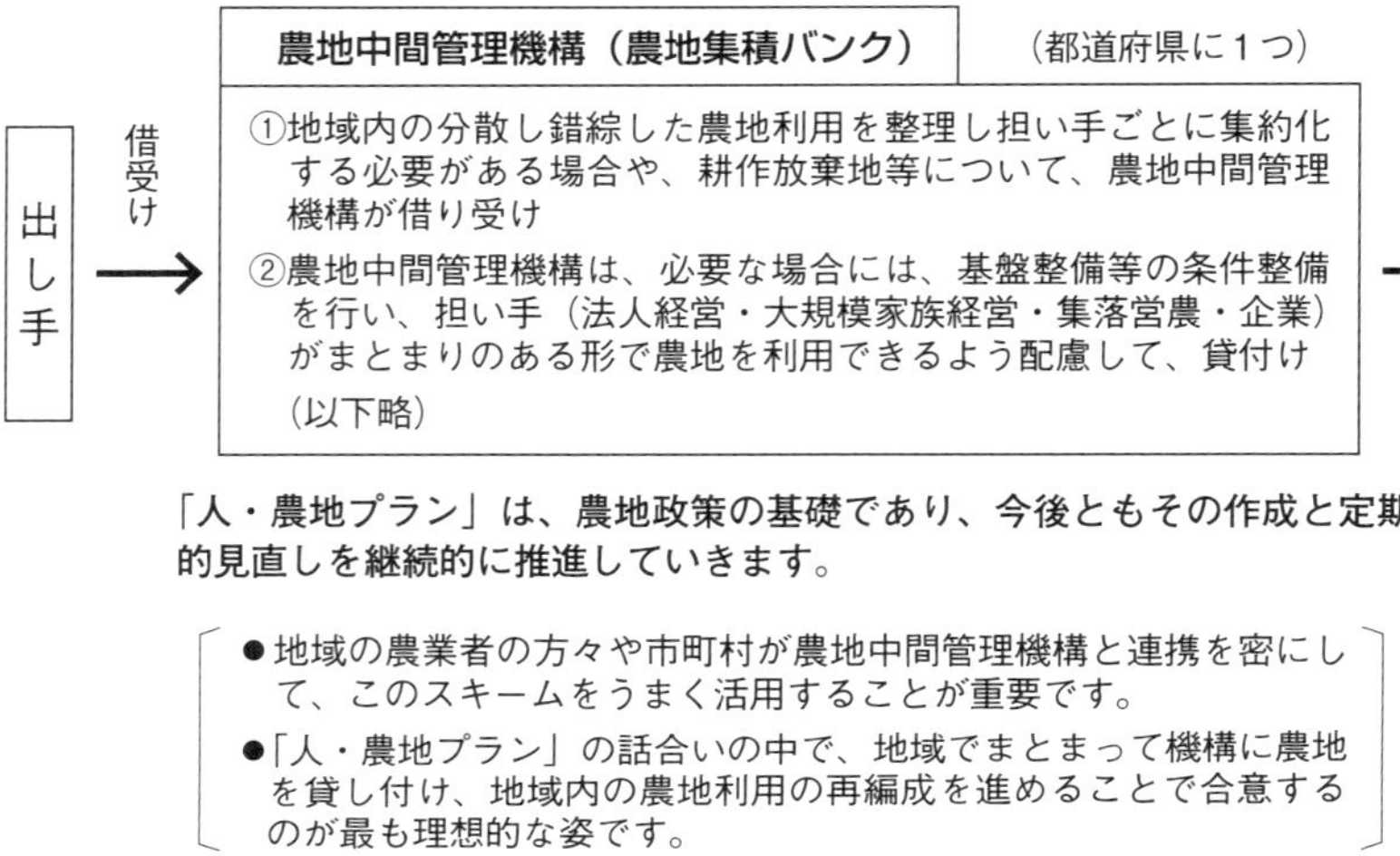
農地中間管理機構（農地集積バンク）
（都道府県に１つ）
出し手
借受け
①地域内の分散し錯綜した農地利用を整理し担い手ごとに集約化する必要がある場合や、耕作放棄地等について、農地中間管理機構が借り受け
②農地中間管理機構は、必要な場合には、基盤整備等の条件整備を行い、担い手（法人経営・大規模家族経営・集落営農・企業）がまとまりのある形で農地を利用できるよう配慮して、貸付け
（以下略）
貸付け
受け手
「人・農地プラン」は、農地政策の基礎であり、今後ともその作成と定期的見直しを継続的に推進していきます。
●地域の農業者の方々や市町村が農地中間管理機構と連携を密にして、このスキームをうまく活用することが重要です。
●「人・農地プラン」の話合いの中で、地域でまとまって機構に農地を貸し付け、地域内の農地利用の再編成を進めることで合意するのが最も理想的な姿です。

図8　農地中間管理機構の運営のしくみ（農林水産省の説明資料からの引用）

のための話し合いを通じて、「地域でまとまって機構に農地を貸し付け、地域内の農地利用の再編成を進めることで合意するのが最も理想的な姿」であるとしている。

地域に法人格を持った集落営農法人が設立されていない場合は、仮に非法人の営農組合があっても農地の借入資格がないので、ひとまとまりに集積・集約され、しかも機構が必要な基盤整備を行なった優良農地の借入希望者を「公募」する。こんな優良農地なら、企業や地域外の大規模農業者が喜んで参入してくるであろう。そうなったら、地域の基本財産であり、地域活動の基盤である地域の農地を地域住民の意志で管理できなくなる。

これに対して集落営農法人（農地の借入れ資格がある）が設立されている場合には、本書の「I　みんなで描く地域の将来ビジョン」に収録した滋賀県米原市の「(農)近江飯ファーム」の事例のように、住民が主体になった地域からの農政改革を実現できる（42ページ参照）。

そのためにも、「本腰を入れて、集落営農法人の設立に取り組む必要がある」と力説したい。

5、進化し続ける集落営農

(1) 新しい組織原理による新世代型集落営農
――「家の連合会」から「個人の結合体」へ

一般的な集落営農組織は、「集落」と同じように「家」単位で構成されている。つまり、構成員は家を代表する「家長」＝経営主（多くの場合70代の男性）である。その他の家族は組織の運営に直接関与できず、仮に組織の仕事に従事してもその報酬は「家長名義の家の口座」に振り込まれてしまう。これでは、女性たちや後継者たちにとっては縁の薄い、参加意識が芽生えない組織になってしまう。

このような「旧弊」を打破する新しい組織原理にもとづく集落法人が各地に生まれつつあることに注目したい。一軒から家長だけでなくその配偶者も、後継者もその妻も、希望者は誰でも正組合員になり、出資し、議決権を持ち、組織の労働に従事し、個人の口座に労賃が振り込まれる「新世代型＝有志個人の結合体」集落営農である。もちろん、女性部長や青年部長は理事として執行部を担っている。

このモデルになったのは、長野県駒ケ根市の「(農)北の原」であり、これを参考にして、さらに新しい工夫をこらした組織が次々に誕生している。

島根県益田市のある集落には、20代、30代、……70代までの各年代から理事を選出する方式の「百年組織」がある。まだ男性だけの多世代参加態勢であるが、次の改選時には女性も各年代から理事を選ぶよう検討課題になっている。

また、２０１３年3月に法人を設立した島根県奥出雲町の奥湯谷集落では、法人化するにあたって広く呼びかけたところ、女性たちばかりでなく、他地域で他の産業に従事している後継者世代の青年たちから、「ときどき家族を連れて農作業の手伝いに行きたい。将来の『集落の後継ぎ』として今からメンバーになって準備したい」と出資の申し込みがあり、おおいに歓迎された。

(2)「3階建て方式」による組織間連携
――若者たちのふるさと回帰の起爆剤

前述したように、平坦な大区画の圃場が整備された農地条件の地区では、旧町村1農場型の１００〜９００ha規模の大農場が続々と誕生している。これに対して、中山間地帯では地形条件からもこのような大規模

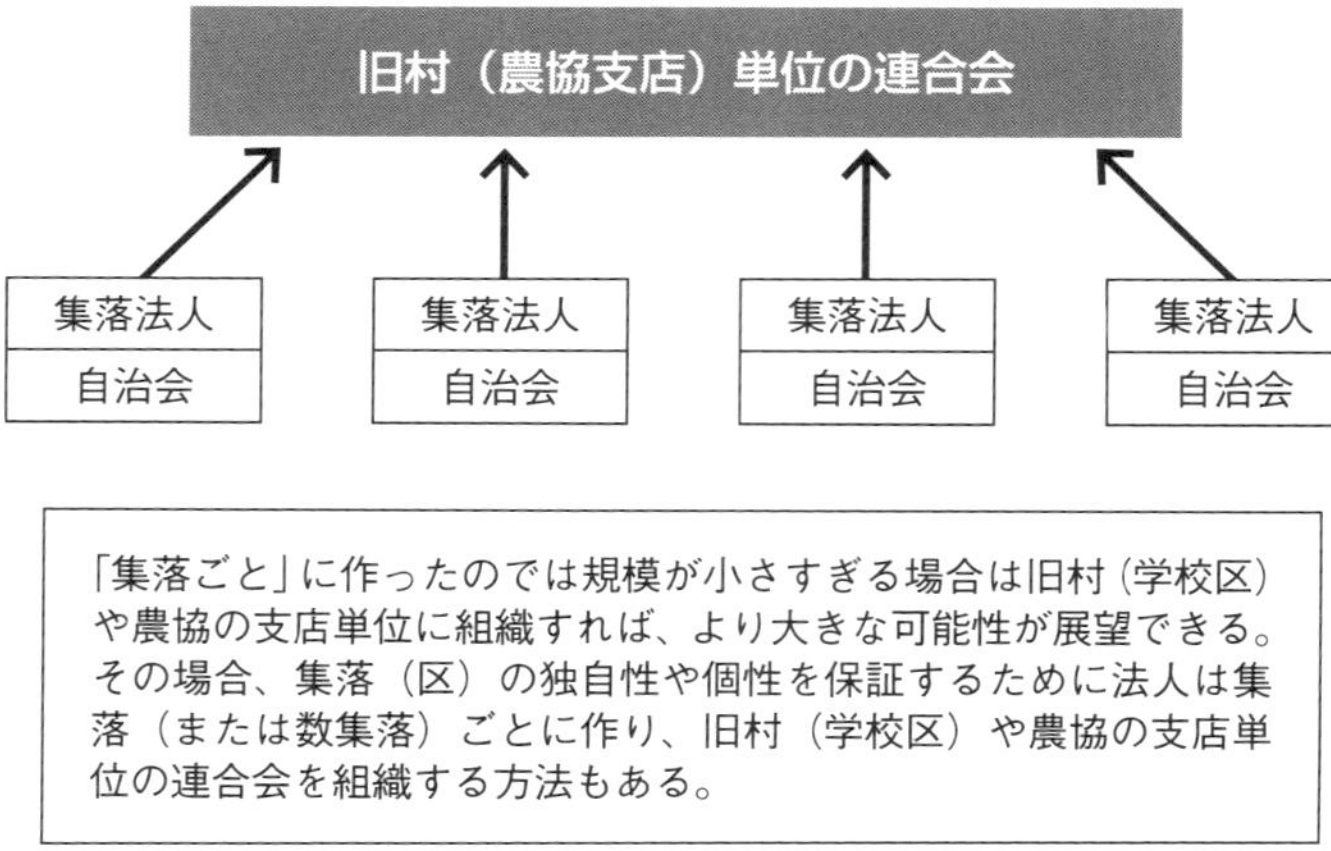

図9 「3階建て方式」による連携方式

集落法人の設立は困難である。

　中山間地帯では、「集落のまとまり」が地域定住・活力として重要な根源となっているので、集落を単位として集落法人を組織するのは合理的である。そうはいっても、集落を単位に組織すると、その経営規模も10〜30haと小さく、また傾斜地圃場が多い。構成世帯数および労働力にも限界があり、若い人たちを雇用するだけの経済力も不足する。地形条件的にも旧町村単位に合併するのも困難であるし、集落の自治を尊重したい。

　そこで考えられるのが、集落ごとに「2階建て方式」の集落営農法人を設立し、さらに各法人が共同出資して旧町村ないしは農協支店の組織範囲で共同法人を設立する「3階建て連携方式」である（図9参照）。3階法人のおもな役割は、農機を取得・整備して集落単位の法人にレンタルする（集落単位の法人は、農機所有にともなう償却コストをゼロにでき、その分だけ固定費を圧縮して、人件費に回すことができる）、Iターン・Uターンの若者を5〜10年間正社員として雇用し、集落単位の法人に派遣研修する方式の人材育成（賃金のうち固定給部分と社会保険料は3階法人の負担となり、集落単位の法人は実働の時間給のみの負担）、農産物や加工品の統一ブランドによる共同販売、生産資材の共同購入、地域の育苗センター・ライスセンター・倉庫などの運営受託などである。

集落を単位とする集落営農は平均20～30haと小規模であっても、旧町村規模や農協支店規模で連携し、ネットワークすれば数百～1000haの経営面積をバックにした大きな可能性を実現できるのである。

前掲した『進化する集落営農』において、タイプの異なる「3階建て連携の事例」、すなわち、島根県津和野町で11法人が出資した「㈿わくわくつわの」、島根県奥出雲町の旧横田町で6法人による「有限責任事業組合・横田特定農業法人ネットワーク」、広島県北広島町の旧大朝町で6集落法人と5人の認定農業者が出資した「㈱大朝農産」、それに広島県三次市でJA三次が事務局を担当するネットワーク組織「JA三次集落法人グループ」（将来の法人化も検討課題）を取り上げて、その多彩で魅力的な活動ぶりを紹介しておいたので参照していただきたい。

本書の「PART5　担い手づくり・農福連携」で紹介している島根県邑南町の「㈱ファーム布施」の事例では、集落を離れて広島市内などで他産業に就業している地区出身者たちが、「集落営農法人ファーム布施」ができたことで、集落の農作業に参加するため通ってくるようになり、それらの人たちの中から3戸が家族を連れてUターンしてきた（178ページ）。

これがきっかけになって、布施地区の4集落では、「㈱ファーム布施」、「㈱赤馬の里」の2つの集落営農法人と、2人の施設園芸認定農業者が協力して「銭宝（大字名）農業サポートセンター」（町役場を定年退職した前農林課長が事務局長）を立ち上げ、大坂から夫婦で就農希望者の移住を受け入れ、この夫婦に子どもが生まれた。

このケースも新しい形の「3階建て連携方式」といえるだろう。

6、東アジアモンスーン地帯に展開する家族農業の最高発展段階

集落営農のすばらしさ、進化し続ける大きな可能性について論じてきた。最後に、集落営農に対する一部の誤解・偏見を解くために少しだけ補筆しておきたい。

①集落営農は、大規模認定経営者や個別営農を否定したり、対立するものではなく、それらをもゆるやかに包括し、連携・協力することによって地域全体として

ての活力を高め、最大限に発揮しようとする運動である。

多様な人材の長所を認めあい、高めあうことで地域のレベルがより高まるしくみである。

本書の「PART2田んぼもイネもフル活用」や「PART4　上手な機械利用」に収録した諸報告には、地域の各分野の名人や匠の技を、さらに工夫をこらして地域全体で共有・実践する前向きの取り組みが紹介されている。

花・畜産・野菜などの専業的大規模経営者（認定農業者）が、組織の設立に中心的役割をはたし、組織の役員として運営を担っている事例はめずらしくない。

②「社会的協同経営体」としての集落営農は、地域社会（コミュニティ）に基礎を置いた新しい社会システムとして、長い歴史的経験と創意を積み重ねて進化してきた。「地域社会農業（コミュニティ・ビジネス）」、「地域という業態（ソーシャル・ビジネス）」など、さまざまな呼び方がある。NPOやワーカーズなどもその仲間である。

日本が独自に発展させてきた集落営農に対して、最近では韓国や中国からも高い関心が寄せられるようになり、研究者・マスコミ・農政関係者や農村リーダーたちによる視察・調査・取材が増えている。

日本と同じように、生活の相互扶助・連帯の自治的な地縁システム（共同体）を基礎に家族農業を発展させてきた東アジア諸国では、やがてはそれぞれの地域条件に応じた「2階建て方式の集落営農」が、全域で多様な展開をとげることになるであろう。

くすもと　まさひろ

1941年愛媛県宇和島市生まれ。一橋大学経済学部卒業。農林漁業金融公庫を経て1987〜2007年山形大学に勤務。教養部・農学部教授を勤め、現在は農山村地域経済研究所を主宰。全国の集落を行脚し、住民とともに「2階建て方式の集落営農」によって地域を再生する実践運動に従事して、宮城・岐阜・島根・徳島・高知・熊本などの諸県で「集落営農塾」を開講している。

主要著書に『農山村経済更生運動と小平権一』不二出版、1983年、『農家の借金Ⅲ』農文協、1987年、『複式簿記を使いこなす』農文協、1998年、『地域の多様な条件を生かす集落営農』農文協、2006年、シリーズ　地域の再生7『進化する集落営農』農文協、2010年など。

PART 1

みんなで描く地域の将来ビジョン

「集落ビジョン」はこうしてつくる

シンプルなワークショップで集落の展望が見えてくる

島根県農業技術センター　今井裕作

あなたの集落の10年後の夢は？

この問いに胸を張って答えられる人は、どのくらいいるだろうか。10年後の夢に加えて、その夢の実現に向けた具体的なプランを実行されている集落では、ここに書いてあることを読む必要はないかもしれない。

今、全国的に推進されている「人・農地プラン」は、地域農業の将来に向けた人と農地の課題を解決するためのプラン（設計図）と言われている。「人・農地プラン」がなかなか作れない集落、あるいはプランは作成できたが、まだ10年後の展望が見えない集落にとって、今、あらためて大切なことは、集落ビジョンをつくることではないかと考える。

島根県では集落ビジョンを「集落の将来のあるべき姿、あるいはこうありたいという姿をイメージしたもの」と定義している。人と農地の課題と併せて、地域での暮らしの視点も含めたビジョンづくりを推進している。

ビジョンに様式はない。では具体的にはどんなものか？　県内のある集落営農法人のリーダーの言葉を借りるとビジョンとは「夢」である。そのリーダーは続けて私に「自分達の集落を若者にとっても魅力あるものにしたい。酒を飲みながらみんなと話をする中で、まずは地元農産物を使った加工に取り組むことにした

ワークショップの様子（平成24年度集落ビジョン実践塾集合研修より）

のです。将来は、地域の雇用を生み出したい」と語ってくれた。このような思いを集落の総意として胸を張って語れる人がいれば、これは立派なビジョンである。

集落ビジョンのつくり方

集落ビジョンづくりにあたって、ここでは普及センターや市町村などの支援者がどのようなサポートをすると効果的かという視点で述べたい。なお、その視点は、集落のリーダーや世話役が集落ビジョンをつくろうと思った時に、どのような点を意識して進めたら効果的かということと置き換えてもいい。

結論から先にいうと、支援者が集落の人々に問いかけるべきもっとも重要なことは、**「将来、あなたの集落で実現できたらいいと思うことは何ですか？」**ということである。そしてこの問いを集落の人が受け止め、これで話が盛り上がれば、ビジョンづくりは半分以上できたも同然である。

ただし、この問いを集落の方々にする前に少し準備が必要である。それは、図1のステップ1～3のとおりである。

まず支援者は思いを持った集落のリーダーを見つけ、その思いを受け止めることから始まる。そして、集落のそのリーダーとの対話から地域の課題をつかみ、話し合いの場づくりを工夫することである。話し合いの場は、たくさんのアイデアが出る工夫が必要である。また、できればあまり長い時間にしたくない。そのための有効な手法が、「ワークショップ」である。以下はステップ4の「ワークショップ」をシンプルかつ効果的に行なう手法である。

ステップ1　リーダーを見つける

ステップ2　地域の課題をつかむ

ステップ3　話し合いの場をつくる

ステップ4　ワークショップによるアイデア出し
→ビジョンとしてとりまとめる
（集落・組織の合意形成）

ステップ5　発表・実践・振り返り

図1　ビジョンづくりのステップ
（支援者の立場から）

シンプルなワークショップのすすめ

ワークショップは、もともと「仕事場」「工房」など、共同で何かを作る場所を意味する。近年では住民参加型のまちづくりなどさまざまな分野の課題解決に向けた気づきの場、学びの場、合意形成の場として取り組まれている。その手法についての詳しい書物は多数あるが、ここでは、誰でも、どこでも短時間で取り組めるシンプルな方法を紹介する。これは、農山村地域経済研究所の楠本雅弘所長をアドバイザーに、島根県で行なった平成24年度「集落ビジョン実践塾」で取り組んだ方法であり、その手順を図2に示した。

▼参加者の全員が喋れる雰囲気をつくる

最初に行なうのが、ワークショップの進め方の説明である。これは集落外部の支援者（専門的には「ファシリテーター」という）が行なうのが効果的である。支援者のもっとも重要な役割は、集落や自治会の会合でよく見られる硬い雰囲気を崩し、誰もがリラックスして本音で喋れる雰囲気を作り出すことである。そのような雰囲気づくりのために話し合いのルールを決めるのが有効である。

1．進め方の説明
①支援者が今日のテーマと進め方を説明
②誰からも意見が出るようにルールを決める

2．チーム分け
例）熟練チーム、若いもんチーム、女性チーム
・1チーム5～8人ぐらいに
・支援機関の者が1人ずつ各チームに入る

【ルール例】
★人の発言を否定しない
★全員1度は発言する
★この場限りの発言でいい
（ホラ大歓迎）

3．チームごとのアイデア出し
・3種類の付箋（赤・黄・青）に各自でアイデアを書く（1枚に一つのアイデア）
・支援者が付箋を模造紙に貼り付け、グループ化

①課題
集落で困っていることを赤色の付箋に書く

②強み
集落のいいところ・自慢できることを黄色の付箋に書く

③夢・課題解決策
将来、○○できたらいいと思うことを青色の付箋に書く

4．チームごとに発表

図2　ワークショップの手順

▼話し合いのルールを決め、チーム分け

参考までに図2の中に私がよく使う三つのルール例を書いた。「今日は、みんなでほら吹き大会をしましょう。この場限りの発言でも構いませんよ」「ただ、人の発言の否定はやめましょうね」などと言うことが多い。

次に、話し合いのチーム分けである。多くの意見が出るように、熟練チーム、若い者チーム、女性チームなどに分けると効果的である。

▼アイデアを付箋に書く・発表する

そして、いよいよチームごとのアイデア出しである。参加者各自に赤、黄、青色の付箋を複数枚配り、「集落で困っていること（課題）」「集落のいいところ・自慢（強み）」「将来、できたらいいと思うこと（夢）」をそれぞれの色の付箋に書いてもらう。1枚の付箋に一つのことを短く書いてもらう。各チームに配置された支援者は、場を和ませる話題提供や参加者が書きやすくするための問いかけをする。徐々に付箋が集まってくるので、支援者は白い大きな模造紙にそれを貼り付け、関連性のある付箋を重ねてグループ化したり、それらのグループに見出しをつける。

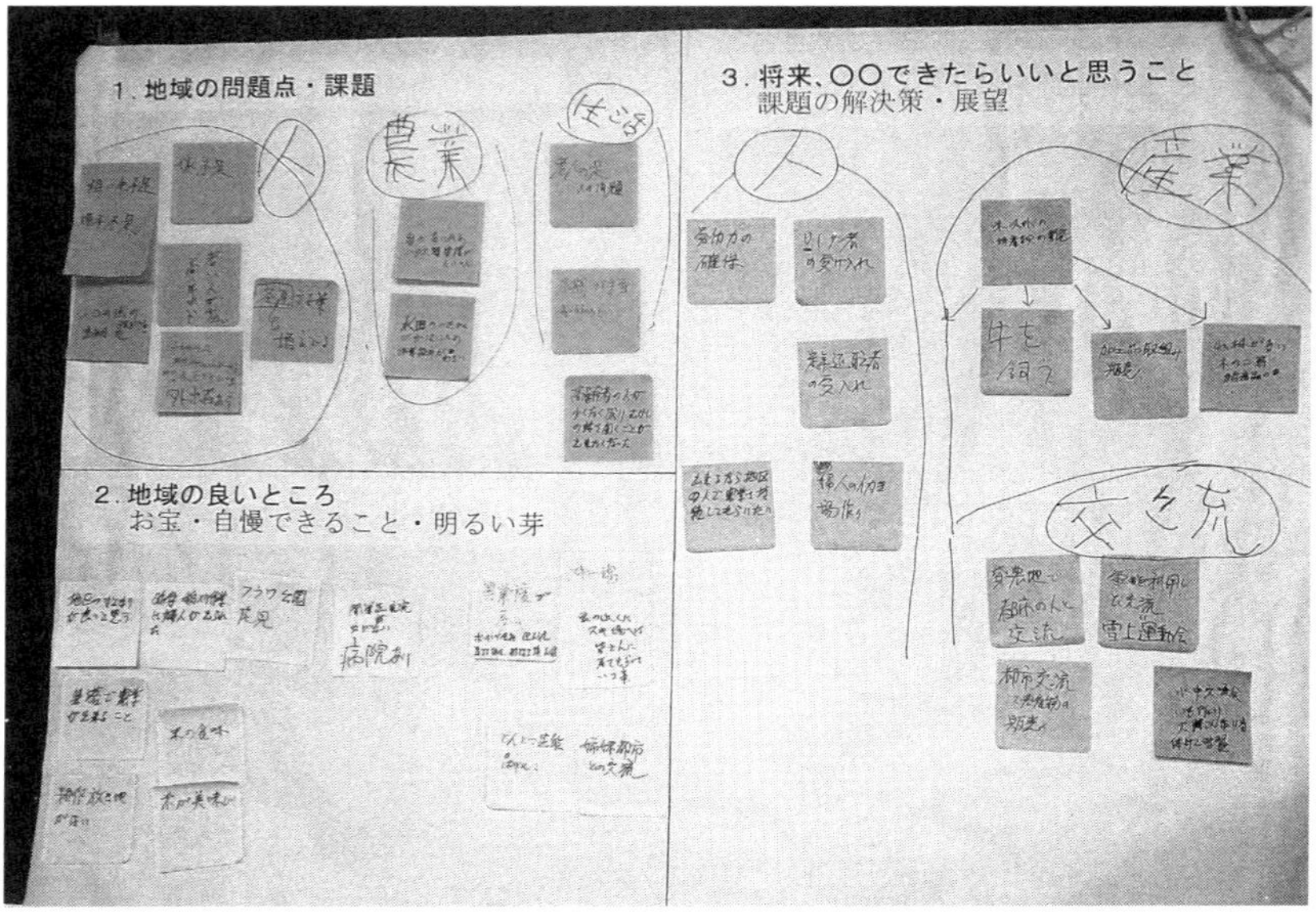

ワークショップで出てきた発言をまとめた成果

最後にチームごとの発表である。この発表をお互いのチームが聞くことは、集落ビジョンづくりに向けた「気づき」や「動機づけ」につながる。また、各チームの発表に対する支援者の評価もそれを後押しする効果が高い。このワークショップにかかる時間は、概ね2時間である。

ホラで終わらせないために

1回のワークショップだけで終わると、せっかく出たいいアイデアが本当にホラで終わってしまうことも多い。そうならないために1カ月以内に再度、集落の集まりの場を設ける。その時にすることは、「将来、できたらいいこと」、すなわち夢として出されたアイデアに優先順位をつけることである。この優先順位の付け方もいろいろな手法があるが、私がよく行なっている簡単な方法を紹介する。

▼優先順位をつける

1回目のワークショップで出された夢（アイデア）を事前に一覧表に整理し、2回目の集まりの場で配布する。そして、各自ですぐに（1～2年で）取り組むべきと思うことに赤丸、中・長期的に（5年程度かけて）取り組むべきと思うことに青丸を付けてもらう。その時に、すべてのアイデアに丸を付けるのでなく、1人三～五つを目安に丸をつけてもらうといい。

ほとんどの場合、その場で簡単に集計できるので、支援者が丸の多かったものをホワイトボードに書き発表する。

▼ビジョンとしてまとめる

ここまでの段階で、概ねビジョンらしきものが見えてくる。ただし、少数の意見でも重要なことは多い。そこで、ホワイトボードに書かれた夢（アイデア）を眺めながら、5年後あるいは10年後の集落づくりに向けて、何をしたらいいか1時間程度、みんなで話をし、会を終了する。

最後の仕上げは、アイデアをビジョンとしてとりまとめることである。この時のポイントは次の二つである。一つは誰もがわかりやすく、イメージしやすい言葉でまとめること。もう一つは多くのアイデアをただ列挙するのでなく、いくつかの視点に分けて整理すること。例えば「産業に関する夢」「生活に関する夢」「交流・人づくりに関する夢」などに分けるとわかりやすい。後日これまで議論されてきたことを踏まえながらワークショップで出されたアイデアをビジョン案としてまとめ、次の集まりで皆さんに提案し、最終的な了解を得る。

▼待つ姿勢が必要、でも区切りも

ところで、集落ビジョンづくりにどのくらいの期間を要するであろうか。もちろん集落の実情はさまざまであるため、待つ姿勢も必要である。しかし、集落のリーダーにとって時間は無限ではないし、物事にはきっかけやタイミングが大切である。平成24年度に実施した集落ビジョン実践塾では、約3カ月を目安にビジョンづくりの場づくりを支援した。少し急いだが、その結果、対象とした6組織中5組織がビジョンの発表に至った。

発表会では、ビジョン案にとどまった残り1組織のリーダーは、この塾をきっかけに、「個別に全戸訪問し、みんなの意識改革を進めたい」と発言され、その後、住民との話し合いや合意形成に向けた取り組みを進めている。対象とする集落の状況を見ながらではあるが、支援者は一定程度の期限を区切りながらサポートするのが効果的である。

将来の夢（○○できたらいいと思うこと）		取り組み開始予定		
区　分	具体的なプラン	今すぐに	5年以内	将来
★安心して農業ができる環境づくり	・圃場整備事業への取り組み		○	
	・集落営農組織の設立（後継者不足の解消と若い担い手の育成）	○		
★地域と共同で生産する特産品づくり	・特産物の生産とブランド化（米、アスパラ、ニンニク等、ハウス団地の整備）		○	
	・加工品の生産と開発（女性グループ活動支援等）			○
	・直売所・農家レストラン（ネット販売、直売所等を設け、店のない地域を活性化）		○	
★地域住民で楽しく暮らせる交流活動	・非農家との連携（桜の記念植樹で公園化、主婦への貸し農園や子供を含め地元交流・収穫祭開催）		○	
	・定年者や女性の力を活用（野菜作りを行ない、地元行事や直売所、学校給食等への提供）		○	

図3　ワークショップを通して完成した集落ビジョンの例
（安来市安田地区、約100戸）

取り組み開始予定まで書き込むと、現実味が増してくる

ワークショップからできたビジョン例

では実際に作成された集落ビジョンとはどんなものか。昨年度に実施した集落ビジョン実践塾で発表された一例を図3に示す。これは安来市安田地区（集落数11、戸数約100戸）のものである。

ビジョンに様式はないが、このビジョンがわかりやすいのは、地域の課題でもあり目標でもある三つの大きな区分ごとに具体的なプランが示され、さらにそれを実行する概ねの時期が示されていることである。

また、このビジョンで特徴的なことは、目の前にある人と農地の課題の解決だけを意識したものではなく、園芸農家、非農家、そして子供から高齢者まで、地域内に住む多くの人の活躍の場づくりを強く意識していることである。加えて、生活者の立場から地域での暮らしの視点を踏まえたビジョンであることだ。私もこの地区のワークショップに参加したが、当日は多くの夢が語られ、多いに盛り上がった。遠回りの

ように思われる人もいるかもしれないが、このようなビジョンづくりが結果として、持続的な人と農地の課題解決につながる。

この塾に参加後、集落営農組織の法人化に至った奥出雲町の奥湯谷集落営農組合は、標高約300mの中山間地域に位置し、関連する2つの集落を合わせても世帯数約30戸の小規模な集落である。ビジョンづくりの効果について、法人事務局の響さんに尋ねたところ、「ワークショップを通じた話し合いのおかげで地域をあげた法人ができた」と振り返るように、女性9名、後継世代3名を法人の組合員にしている。また続けて「この地域を守っていくための道すじが見えてきた。今後は若者が定住できる条件整備に向けた活動をしていきたい」と語られた。この集落では、ビジョンづくりが集落の目指す方向を明確にし、合意形成の場となることで、多くの人の参画を促したのである。

ビジョンづくりから見えてきた集落・地域の展望

この2年間、私自身が現場の農業普及員と連携しながら約20地区の集落ビジョンづくりに関わってきた。集落の規模、環境、組織の有無、活動の熟度など実にさまざまな集落・地域・組織を対象としたが、多くのところでビジョンづくりをきっかけに新たな活動が展開されている。例えば、非農家も含めた住民参画の場づくり、集落営農の組織化・広域連携、交流・加工等の新規事業、UIターン者の受け入れなどである。

こうした活動が展開できたのは、集落の課題や将来に向けた夢をみんなで話し合って明確にし、その夢を自分達のビジョンとして共有できたからであろう。トップダウンではなく、住民自らが考え、作成したビジョンには大きな力がある。そして、集落を守ろうとする住民の潜在力というか底力を実感している。ワークショップは、そのきっかけづくりとして有効であった。

なお、ビジョン達成に向けた最初の具体的な活動は、共同草刈りや収穫祭の復活など小さな取り組みであることが多い。しかし実際に、こうした取り組みにこれまで参加しなかった新たな人が参画し、協力者がしだいに増えている。このことは、いわゆる「小さな成功体験」であり、リーダーにとっても喜びと自信となり、また次の新たな活動に着実につながっていく。

（いまい ゆうさく 『現代農業』2013年9月号掲載）

紙に書いて意見を出し合う方式はおもしろい

目ざす集落営農のかたちが見えてきた

広島県世羅町・(農)聖の郷かわしり

編集部

法人を設立するだけで精一杯だった

「うちは法人（集落営農）を立ち上げて7年目ですが、設立のときは将来的に何をするかまではっきり決めてなかったんです。立ち上げるだけで精一杯でした」

農事組合法人・聖の郷かわしりの代表理事を務める川邊澄男さん（66歳）は当時のことをそう振り返る。広島県世羅町（旧甲山町）の山間にあるここ川尻集落では、圃場整備が進まないことが悩みのタネだった。小さな田畑が多く、高齢化は進む一方で、何年かすれば「もう農業はできない」という人が続出するだろう。そうした危機感から、県の圃場整備事業（経営体育成事業）に手を挙げ、それをきっかけに平成18年に集落営農を立ち上げた。事業の条件が、法人化して最低20ha以上の農地を集積することだった。

「米と大豆のほかにアスパラをやることは決めていたんですが、漠然とそれをこなしてきた感じです。県の法人経営の研修会に行くと、うまくいかない法人の話も聞きます。経営戦略を持たずに法人経営に迷ったときにどうするか。そういう不安はつねにありました」

目標がハッキリ見えた

川邊さんがいうように、集落営農の次なる展望を描けていない法人は多いようだ。広島県で集落営農の立

聖の郷かわしりのメンバー。春に行なうアスパラ祭りにて。地域外から400人くらいの人が来る

（農）聖の郷かわしりの概要

構成員43戸、経営面積22ha
内容は、米16ha、大豆3ha、アスパラガス2ha、その他の野菜が1ha
※加工部門も立ち上げたところ

ち上げに尽力してきた県の担当者・月岡繁彦さんによると、「広島県ではこの10年で集落営農（法人）が次々誕生しました。その数は２００を超えています。これはもちろん地域の人たちや行政関係者などが頑張ってきた結果ですが、どうも法人を作るので精一杯で、それが最終目的のようになっていると感じるところもある。せっかくできた法人が、今後どのようなビジョンを描いて経営戦略を持っていったらいいのか、そのあたりの展開が描けていないところも多いと思います」

そんな課題を解決するために、ある手法を使って集落のみんなで話し合い、新たな目標を立てようとする動きが出始めている。じつは聖の郷かわしりでも昨年末にその話し合いに取り組んだ。そうしたら、今後何をしていくべきか目標がハッキリ見えるようになり、みんなの意識も変わり、新たな目標に向かって俄然張り切っているというのだ。

「BSC」で話し合い

ある手法というのは、中小企業が中長期の経営戦略を立てるときに使われているBSC（バランス・スコアカード）というものだ。毎回テーマを設定し、それについてみんなで意見を出し合い、段階を経ながら５

聖の郷かわしりで取り組んだ「BSC」のプログラム

テーマ	目的および方法	日程
①理念の再確認	既存の理念が「それは具体的にどういう意味か」を話し合う	11月下旬
②事業領域の定義	事業の範囲を整理して、売り方をテーマに現在と将来について話し合う	11月下旬
③内部資源と外部環境を考える	法人の内部資源（強み、弱み）を洗い出し、外部環境（立地、消費者、担い手など）を整理する	12月上旬
④重要戦略の順位付け	法人にとって重要で取り組みやすいものを投票によって優先順位をつける	12月中旬
⑤中期売上目標の策定	経営の継続性に配慮して５年後の売上目標を設定する	12月下旬
⑥戦略目標の洗い出し	財務、顧客、業務、人材、地域の各視点別に戦略目標を発想する	1月上旬
⑦戦略マップの作成	戦略目標をグループ化し、それぞれの関係を矢印で結び、戦略を可視化する	1月中旬
⑧戦略プランの策定	重要品目ごとに人の配置や具体的な目標値、行動計画などを明確化する	1月下旬

年後10年後の具体的な経営戦略を立てる。最終的にはそれが実現できるように具体的な行動プランも作る。

昨年末、川邊さんは指導所（広島県東部農業技術指導所）の担当者にBSCに取り組んでみないかといわれた。組合員の意見も取り入れながら将来の展望を描いていく必要があると思ったので、ほかの役員と相談して取り組むことにした。

BSCにはやり方がさまざまあり、しっかりやれば時間がかかるという。短縮バージョンで冬の間に合計8回で終えるようにと、指導所にお願いしてプログラムを組んでもらった（上の表参照）。

組合員すべて（全戸43軒）に集まってもらうのは無理なので、参加メンバーは、役員8人（62〜75歳）と作業によく参加してくれる組合員6人（57〜62歳）の合計14人（このうち女性が3人）。月に2〜3回集会所に集まって、夕方6時くらいから9時くらいまでの話し合いになる。

紙に書くとビックリするほど意見が出た

司会は指導所の担当者にお願いした。主なルールは二つ。話し合いの間は、役職など上下関係はないので自分が思っていることを正直に話すこと。自分の意見を言うときは、ハガキサイズの紙に必ずメモ書きし、それを読み上げるようにすること。そして司会者がその意見（紙）を模造紙に張りながら、まとめて整理していく。

1回目のテーマは「理念の再確認」。以下の四つの理念について話し合った。①豊かな実りをみんなで培う（生産活動）、②きれいで住みよい環境作り（環境保全活動）、③和を輪に広げて絆を深める（交流活動）、④リーダーを育て組織を継続（研修・教育活動）。

1人20枚くらいの紙が配られ、メモ書きする時間をとってから順番に発表していく。

「総会なんかでは意見を募ってもなかなか出てこないからどうなるかと思いましたが、3枚も4枚も書いて発言する人が何人もいて、こんなに意見が出るとは思いませんでした。紙に書くことで口頭とは違って発言しやすくなるし、自分の発言に対する責任感も出てきますよね」

出た意見は、たとえば①の生産活動では、「集落営農だからみんなで損はしない程度に働く」「利潤はみんなに分配する」「先祖より受け継いだ農地を荒らさず、地域の農業を守り、将来に託す」など。これらは主に役員からの意見が多かった。一方で、川邊さんが驚いたのは、役員以外の組合員から出た意見だ。「高く売れる作物をつくることが必要だ」「生産するからには儲けになるものをやる」「儲けにならない作物はやめる」など。利益をしっかり出そうという意見が多かった。

川邊さんは法人を担う一経営者として常々利益を出すことを考えなければいけないと思っていた。しかし役員たちと話すと、これまでも「集落営農は維持していければいい」という意見がほとんどだった。それでは発展性がないと一人思いあぐねていたので、今回の役員以外からの意見はとても新鮮だったのだ。

自分たち法人の強みと弱み

法人の強みと弱みについても出し合った。強みとしては、「団結力がある」「イネや野菜の栽培技術がある」「機械作業に長けた人がいる」「借り入れ金が少ない」「女性部が活発である」など。一方、弱みとしては、「高齢化で後継者不足」「同じ人に仕事が偏り、労働力不足になっている」「補助金頼みになっている」など。なかには、「将来の計画が見えない」「うちの法人はアタック精神がない」「発想の転換がない」と発言する人もいた。

「評価してくれる意見を聞けばよかったと思うけど、

マイナス面を指摘されると正直ドキッとしますよ。でもそんなことを考えていたのかということがわかって、よかったなと思いました。そういう意見も聞き入れないと、法人としては発展していきませんからね」

みんなの投票でアスパラと加工に決まった

今後具体的に何に力を入れていけばいいのか、そのための優先順位を決める投票も行なった。「アスパラの規模拡大」「米やアスパラ以外の品目拡大」「女性部の見直し」「加工品の開発販売」「直売所の設置」「市民農園の運営」など11項目からの投票だ。

結果はというと、一番が「アスパラの規模拡大」、二番が「加工品の開発販売」になった。「直売所の設置」や「市民農園の運営」はすぐには取り組めないという点から下のほうのランクになった。

「利益を出しやすい作物が選ばれたのが嬉しかったですね。これはみんなで決めたことだから、その後の話もスムーズにいきました」

実際、聖の郷かわしりではBSCを終えた後、アスパラガスの面積を2倍の2haに増やした。加工所もすぐに建設した。女性部が細々とイベント用につくってきた加工品を本格的に売り出していくことに決めたのだ。

アスパラ畑。1haで売上約1000万円。収穫作業は朝夕2時間、7人態勢で行なう。時給800円支払っても300万円の黒字が出ている

売上目標を立てたことで意識も変わった

5年後の具体的な売上目標も立てた。現状法人の売上金額は約2900万円。これを5年後には約5000万円にする計画だ。米やアスパラガス、加工品など販売品目の一つひとつを試算して設定した。やはり大

きいのは面積を拡大したアスパラガスと加工部門。おおざっぱにいえば、アスパラガスは1000万円の売上を2倍にする。加工品は現在売上はないが約800万円にする。

「具体的な目標を立てると正直プレッシャーもあります。でもみんなが経営感覚を持つと意識が変わってきます」

たとえば、女性部で加工に関わるメンバーは保育園や親戚、役場などに行くと必ず加工品の営業活動をするようになった。アスパラの共同作業に参加する人の中にも、それまでは労賃目当てのように一人黙々と作業をしていた人が、「もっといいものをつくるために、その日の作業の注意事項などを、みんなで確認してから作業に出よう」と言ってくれるようになったのだ。

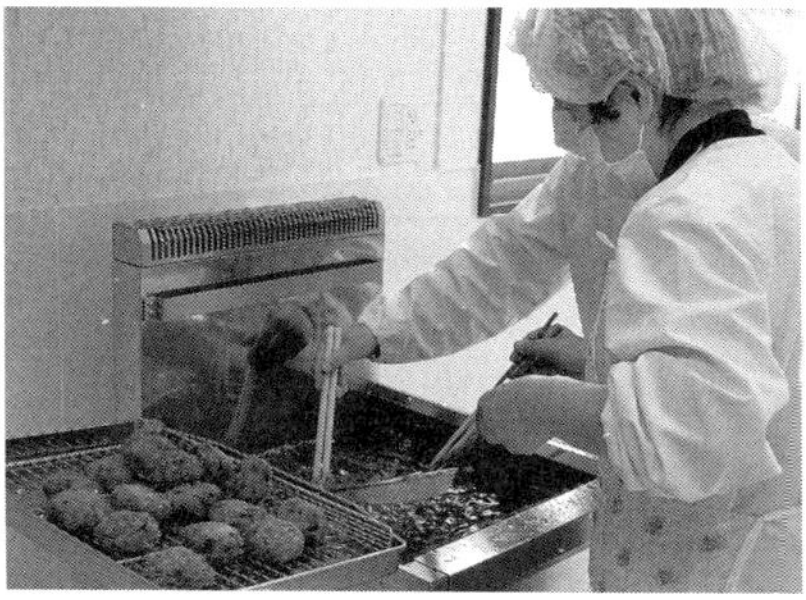
こだわりの加工品「世羅牛コロッケ」。材料のジャガイモやアスパラなどは集落産。肉は地元の和牛でミンチではなく塊が入っているので食感とうまみが絶品

地域を守り、利益も追求する

最後は「戦略マップ」なるものも作った。それまでの意見から「財務（利益を出す）」「地域（地域を守る）」「人材」「業務」「顧客ニーズ」の五つの項目に整理して、重要だと思う項目をマップの上から順にはめ込み、それぞれ関係性があるところに線で結んでいくというものだ（次ページの図）。

最初は「地域（地域を守る）」が一番上に来ていたのだが、話し合いの中で「財務（利益を出す）」も大事ということになり、「地域」と同じ位置になった。

「これもみんなの意識が変わったなと思う出来事でした。とくに役員がほかの組合員の意見を聞いて変わってきたんだと思うんです。集落営農の目的はもちろん地域を守ることです。でも地域を守るという言葉の意味はいろいろあると思うんです。利益を出すことができれば、作業労賃を増やすこともできるし、それを地域に還元できる。とくにアスパラはたくさんの人が必要だから多くの働く場を確保することもできる。そう

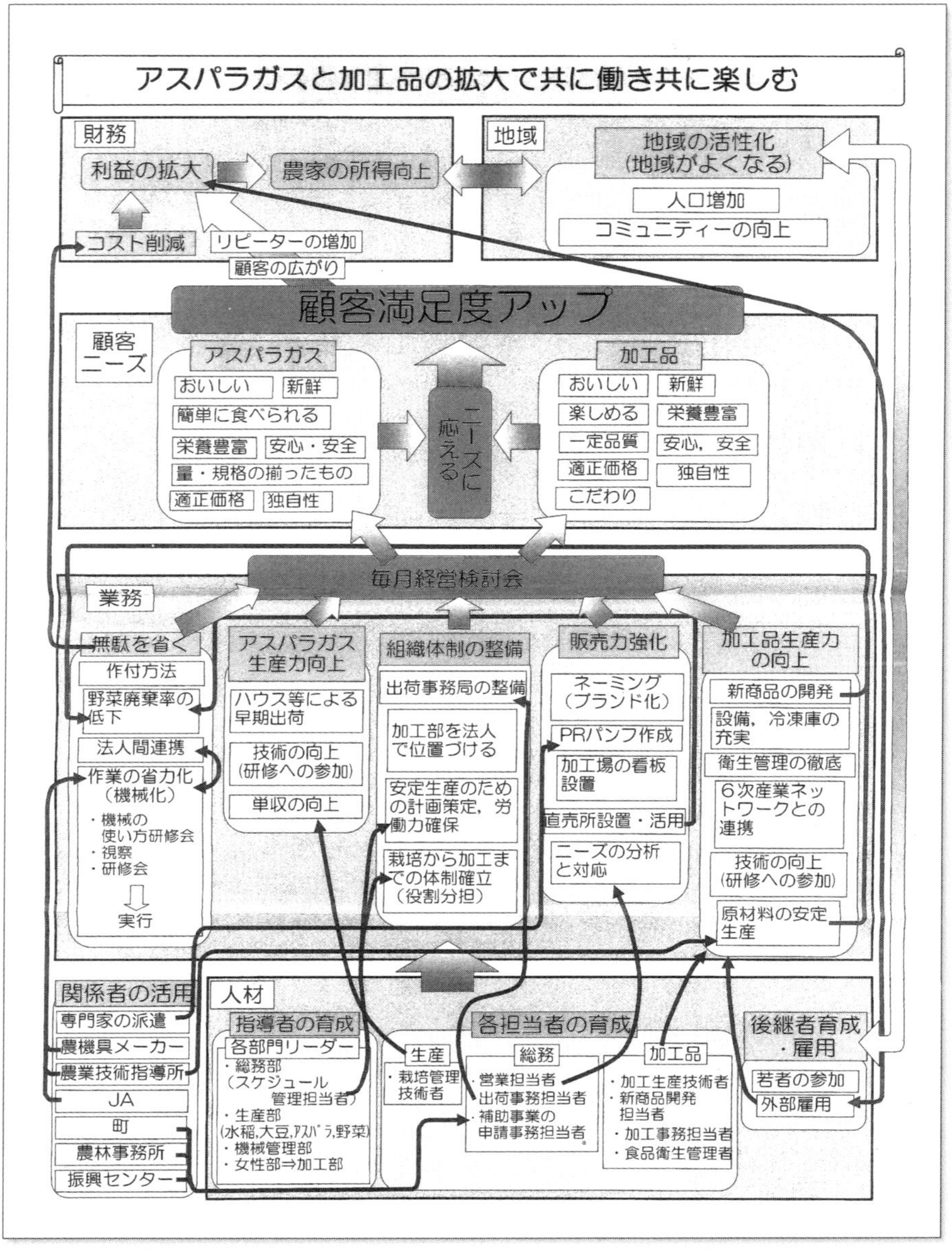

(農) 聖の郷かわしりでつくった戦略マップ

指導所（広島県東部農業技術指導所）が清書して作成。上の2つの項目（「財務」の枠と「地域」の枠）を実現するために、下の項目がそれぞれ関連付けられながら入っているなればみんなが潤うでしょう。『現状維持で儲ける必要はない』では発展性がないと思うんです。ましてや補助金が出ないときのことを考えるとどうなることやら…」

「とにかくハッキリとした目的を持てたことは本当によかったです。それと組合員の意見を聞くことができたのもよかった。法人を立ち上げた後は、意外に組合員の意見を聞く機会がなくなるんです。代表や役員だけに任せっきりになると、うまくいかない場合も出てくるかもしれない。だから今は総会の後に飲み会の場を設定して、みんなの意見を聞く場を作るようにしました」

◇　　◇

今回、聖の郷かわしりで取り組んだ「BSC」は指導所がリードしてきたものだ。「戦略マップ」までは作らなくても、地域の課題を出し合い、その解決策を紙に書いて発表するようなシンプルな話し合いをするだけでも、次なる展望が見えてきそうな気がする。聖の郷かわしりでは「人・農地プラン」についてはまだ検討中だそうだが、プランの作成にもこのような話し合いはいいかもしれない。

（『現代農業』2012年11月号掲載）

利益の追求だけではダメ バランスが大事

橘鷹 保さん

法人の役員としてBSCに参加しました。ふだんは役員の気に入らないことは言わないという雰囲気がありますが、あの場は上も下もないという取り決めだから、いろいろな意見が聞けてよかったです。

集落営農の目的は農地を守ることだと私は思います。今までは損をしなければラクな方法でやっていこうという思いもありましたが、この話し合いで、もう少し利益を出すことを考える必要もあると思いました。

ただ、利益追求だけではダメです。たとえば作業の効率化を追求すれば、地域に働く場がなくなる。それじゃ、おもしろくないという人が出てくる。儲からない作物をやめるという意見もありましたが、それもどうかと思います。キャベツとかタマネギのことですが、冬の仕事がない時期に作業ができるんです。農地を守りながら働く場も確保できる。たとえ赤字でもほかで賄えれば一年中働ける場を作ることができる。そういう労力配分も大切だと思うんです。だからどちらかに傾くのではなく、バランスが必要なんだろうと思います。

「集落内自給構想」を立ち上げた集落営農

滋賀県米原市・(農)近江飯ファーム

編集部

集落営農の可能性

集落内で自給自足構想を掲げ、地域の力を強めながら、災害時の備えまでしている集落がある。滋賀県米原市にある飯《い》集落だ。その活動の牽引力となっているのが、集落営農組織の農事組合法人・近江《おうみ》飯《い》ファームである。

「集落営農やってると、自分たちのことは自分たちで守ろうっていう気持ちが強くなるんです」

近江飯ファームの代表を務める川崎源一さん（60歳）は、集落営農で何ができるのか、どこまでできるのか、その可能性に日々ワクワクしている。

二つの選択肢

飯集落は滋賀県東北部、琵琶湖のほとりに広がる田んぼ地帯の中にある。全110軒の小さな村だ。ほとんどが兼業農家で、1軒が所有する田んぼの平均面積は3反ほど。京都まで電車で50分、大阪まで1時間半という土地柄、勤めに出る人が多くなった。最近は、土日に気軽に田んぼをやるという人もめっきり減った。

このままでは集落の農業が崩壊するという危機感から、6年前、いまの組織の前身である集落営農組合が生まれ、昨年法人化して、農事組合法人・近江飯ファーム（以下、ファーム）が誕生した。構成員は43名で、耕作面積は28ha（次ページに概要）。

「営農組合を立ち上げるとき、どんな農業を目指すかって話し合ったんですけど、二つの選択肢がありました。一つは『村の財産（田畑）を守り継承する農業』、もう一つは『利益追求型農業』。それで、前者を目指そうということに決めたんです」。じつはこの選択が、後のファームの活動に大きな意味を持ってくる。

近江飯ファームのナスの収穫作業。女性が多く、楽しそうな声が聞こえてくる

集落でできた米を集落内で売る

まずファームの取り組みでおもしろいのが、集落営農でつくった米を集落内で売っていることだ。営農組合のときにはじめたことだが、「歳だからもうつくれない」という集落の人に「田んぼ（財産）を守る代わりに、

近江飯ファームの概要

近江飯ファーム

↓ ・地代9000円／10ａ
・労費700円／時

↑ 作業

構成員43名
（男29名　女14名）

耕作面積 28ha　　販売元

米	15ha	農協、集落内
麦	7ha	農協
大豆	7ha	農協
野菜	1.3ha	量販店、道の駅、集落内、学校給食、農協
加工（漬物、ジャム）		集落内、道の駅など

集落でできた米を買ってくれ」と頼み、ことがはじまった。それが人気となり、年々注文数が増えている。最初300俵だったのが、5年後の昨年は520俵。

回覧板に注文用紙を付けて春のうちに予約をとる。価格は玄米1俵（60kg）で、コシヒカリ1万7000円、秋の詩1万5000円、もち米の滋賀羽二重1万8000円。

昨年、ファームが売った米全体の販売金額は約1760万円で、そのうち集落内で売った金額が約860万円。金額的に見て、およそ半分の米を集落の人が買ったことになる。

「集落で買ってもらう米以外は全部農協ですけど、米価がどんどん下がって1俵1万円くらいだから厳しいんです。だから集落で少しでも高く買ってくれるのは本当にありがたいこと。うちの集落営農は、集落の人に支えられているから成り立っているようなもんです」

買う側もうれしい

では、米を買っている集落の人はどう思っているのだろう。「齢だから田んぼはファームに預けた」という北村進さん（74歳）はこう話してくれた。

「正直最初は田んぼを預けたから米も買わなきゃって思いましたけど、今は違うな。純粋な混じりっ気のない地元の米が、スーパーで買うのと変わらないくらいの値段で買える。しかもうまい。よそから来た友達にご飯食べさせたら『なんてうまい米だ』っていわれるくらいやからね。それに安心。ファームの米は減農薬・減化学肥料のこだわり米だから、農薬もほとんど使ってない。除草剤だって、ふつうここらでは最低2回はやるけど、ファームは1回だけなんよ。草が生えたところは、ファームの女性らが、よう気張って草取りしよる。そういうのも見てるから、こんな手間かけてつくった米を、この値段ではよう買えんと思う。ありがたいことやで。それと配達もしてくれるから、年寄りにはそれもありがたい。

注文数がどんどん増えよるのは、自分の家の分だけじゃなくて、親戚や友人にも分けてあげたいっていう人が増えてきたからやと思うよ」

ちなみに昨年、集落内で米を注文したのは80軒ほど。じつに飯集落110軒の7割以上が買っていることになる。

集落でできた野菜も集落内で売る

米だけではない。ファームでは野菜も集落内で売っ

イネの育苗ハウスで夏はメロンを栽培。トロ箱栽培（少量土壌培地耕）で極上の味になる。集落の人に予約で売れてしまう

直売所に出荷した摘果メロンの漬物。さわやかでおいしいと人気

ている。イネの育苗ハウスを有効利用して育てるメロン、トマト、イチゴは口コミで広がって、ほとんど予約で売れてしまうのだそうだ。四つある育苗ハウスの面積は合わせて1反ほどだから少ないが、たとえばメロンはお盆に収穫できるような作型にしている。すると、ちょうど里帰りした人たちの手土産にということで、どんどん売れるのだ。１個１２００円くらいで全体の売り上げは約60万円。

イチゴは冬の数カ月間だが、収穫がはじまったらハウスの前に旗を立てておく。すると、それがサインとなって、法事などの集まりや、出かけるときの手土産にと、集落の人がわらわら買いにくる。１パック（３００g）５００円で全体の売り上げは約70万円。最近はジャムの加工品もはじめて、それが10万円くらい売れるから、合わせると約80万円。トマトは道の駅半分、集落内半分で、集落内の売り上げは約40万円。

育苗ハウス利用の野菜だけでも、ざっと１８０万円ほどの売り上げになる。これに米の販売金額８６０万円を合わせると、じつに１０００万円を超える。このお金が、小さなこの集落で回りはじめたというわけだ。

「野菜はまだまだこれからですけど、目指しているのは『集落内自給』ってやつです」

備蓄米の確保、仮設住宅の確保

ファームでは、災害時の備えとして備蓄米の確保もしている。集落の人が最低3日間は食いつなげるという600kgの米を、集落内の酒造屋の古い酒蔵に保管しているのだ。

「保管料は最初、営農組合で払ってたんですけど、今は村の自治会が出してくれるようになったんですわ。集落のためにやってるということで、認めてくれたんだと思います」

さらに川崎さん、阪神大震災のときにパイプハウスが強度の点から仮設住宅に使えると注目されたことで、育苗ハウスが災害時の一時避難所になるのではないかと考えている。

「集落営農やってると、いろんなことができると思うんです。6年前に自分がJRを早期定年したとき、まさかこんなことをやるなんて考えてもみなかったけど、おもしろいですよ」

利益追求型の農業を求めていたら…

ファームはまだ走りはじめたばかりだが、いま振り返ると、最初に「村の財産を守る」という目標を掲げたことがよかったと川崎さんは思う。地元に米を売ることも、元はといえば「財産を守るために米を買ってくれ」と呼びかけたことから始まった。備蓄米の確保だって、村を守るという思いがなければやっていない。

「もし集落営農がなかったら、自分一人で20haくらいやる覚悟はありました。『やってくれ』っていう人がたくさんいましたからね。でもそれで突っ走ってたら、村をどうこうしようなんて絶対に考えなかった。自分

集落の備蓄米を保管している酒蔵

の利益のために必死になってた。それが幸せかっていうと疑問ですよ。集落営農で『利益追求型農業』を目指していても、きっと同じだろうと思う。おそらく、うまくいかなかったでしょうね」

低労賃でより多くの人が働ける

「村の財産を守る」という考えはファームの作業労賃にも表れている。機械のオペレーターでも草刈りでも労賃はすべて一律時給700円と決めている。

「安い」とよくいわれるが、これをたとえば1000円に上げると、その分作業人員を減らさなければいけない。労賃として払える金額は限られているからだ。いまの経営だと1300万円だが、これをより多くのメンバーに分配できれば、多くの人が働けることになる。「利益追求」ではなく「村の財産を守る」を合言葉にしてきたから、川崎さんはそうしているのだ。

いまのところ、賃金が安いからといってやめるという人はいない。むしろ「地元で仕事ができる」と喜んで参加する人が多いのだ。

タマネギの乾燥。ハウスの中で、コンテナ回りにビニールをグルグル巻き付け、下からブロワーで送風するだけ。ものすごく速く乾燥できる

みんなでやるから強いのだ

「集落営農の最大のメリットは多くの人材がいること」だと川崎さん。手除草が必要なこだわり米をつくったり、野菜を多種類つくったり、ジャムや漬物などの加工ができるのも、会計がスムーズにいくのも、それに長けた人を中心にいろいろな人がやってくれるからだ。

「自分の頭ん中はいま集落営農にどっぷりはまってるからそう思うけど、それは石垣と一緒だと思う。頑丈で強い石垣を作るには、大きい石も必要だけど、小さい石も必要。そうしないとしっかりした石垣はできない。集落営農もそれと同じ。みんなでやればその分、強い地域になっていくんだと思います」

（『現代農業』2011年9月号掲載）

PART 2

田んぼもイネもフル活用

荒れた棚田を放牧地に——中山間地の集落営農で牛を導入するメリットは大きい

島根県邑南町・(農)須磨谷農場

編集部

太田忠男さん。イネの育苗ハウスは秋になるとロールでいっぱいに。「牛は買ってきた乾草より、自家製のWCSのほうが大好きなんです」

牛がいなかったらどうなっていたことか…

「ここは名前のとおり谷なんですわ」。そう言いながら、農事組合法人・須磨谷《すまだに》農場の事務局長である太田忠男さんが軽トラで須磨谷集落を案内してくれた。山と山に挟まれた谷間の細い道路を走っていくと、谷に沿うように小さな田んぼが連なっている。イネ刈りが残っている田んぼもまだ少しはあるが、ほとんどは終わっているようだ。目に付くのは、道路に接した田んぼのアゼや山際のいたるところに張ってある電気柵。

「この電気柵で囲ってるところが放牧地です。こっちもそう。あの山のところもそう。牛を放すと草をきれいに食べてくれるんです。これを草刈り機でやるのはえらいことですよ。みんな歳とってやれない人も多くなったから、牛がおらんかったらどうなっていたことか……」

荒れた棚田を放牧地にしてきれいにしたという場所に着くと、人間の腰のあたりまで伸びた草がまたビッシリ生えていた。それを見た太田さんはうれしそう。

太田さんが指差しているのは棚田を放牧地にしたところ。「牛がいないと維持できない」

(農) 須磨谷農場
組合員数　27戸
経営　水稲8.5ha、WCS用のイネ75a、立毛放牧用のイネ87a、野菜60a、繁殖和牛16頭（親牛13頭、育成牛3頭）、女性によるユズの加工

「これならもう牛を放せる！　こんなに草が生えてたらふつうは嫌な気持ちになると思うけど、牛を飼っていると見方が違ってくるんですよ。おかしいでしょ」

中山間直接支払いを使って3頭の牛を導入

全28戸、96人が暮らすこの小さな集落に、(農)須磨谷農場が誕生したのは7年前のこと。高齢化率が30％近くなり、小さな田んぼの維持管理が大変になってきた。コンバインなど高価な機械をそれぞれの家で所有するのも大変だということで、みんなで話し合い、1集落1農場方式の集落営農組織を設立した。

牛のほうは、じつは集落営農ができる2年前から飼っている。農地を守る手段として放牧に注目し、集落内に放牧組合を作って、中山間直接支払い（中山間地域等直接支払制度）を活用して100万円ほどで繁殖和牛の雌牛3頭を購入したのだ。

「最初は役場で牛の放牧試験をやったのを見ましてね。あれは盆過ぎだったかな、町営牧場の荒れた山に牛を入れたんですが、放したときは牛が見えなくなるような藪だったところが、たった1週間できれいになったんです。これはいい、うちの集落でも入れたいな

と思いました」

太田さんがこの話を集落に持ち帰ると、興味を持ってくれる人がいた。そこで放牧の先進地である山口県の農家へ集落のみんなで視察に行った。太田さんはその農家の言葉が今でも忘れられない。

「放牧なら牛舎につながなくてもいい。糞尿処理もいらない。私は80歳を過ぎたところだが、このやり方だったら、あと10年、いや15年はやっていける」

なによりいいのは転作に飼料イネができること

牛の導入を決めたもうひとつの大きな理由は転作に飼料イネができることだ。転作割り当てが3割ほどになり、頭の痛い問題になっていた。棚田のように面積が小さく条件の悪い田んぼでは、イネ以外のものはつくりづらい。捨てづくりでも何かを植えればまだましだが、実際は手をつけられずに荒れていく田んぼが多いのだ。しかし、そういった田んぼでも、牛のエサとしてイネをつくってWCSにすれば転作にカウントされる。

そこで牛を入れる前年に、試験的に小さな田んぼでWCSをつくってみた。お盆の頃に草刈り機でイネを青刈りし、道路に並べて、近所の酪農家が持っているロールベーラでロールを作った。すると、とてもいいサイレージができたのだ。

「動機は不純もいいところですよ。転作でイネつくって、横着したいから牛を始めたようなものです」

イノシシも激減

3頭で始まった牛は、その後集落営農で引き継いで、年々頭数を増やしてきた。雌の子牛が産まれたら出荷はせずにそのまま育てる方法だ。9年目になる今年は、親牛13頭、育成牛3頭になった。小さな子牛も入れると今は20頭近くいる。牛が増えるにしたがって放牧地の面積も増えてきた。山際の田畑を守るように山林を中心に、大小合わせて8カ所、合計で19haの放牧地である。

牛を入れると、それまでひどかったイノシシ被害がピタリとなくなった。イノシシが牛を警戒して田畑に入ってこなくなったのだ。これもじつに大きな効果だ。ただ最近は、イノシシも知恵をつけてきて、放牧していない場所から入ってくることもある。以前に比べればかなり減ったので効果は大きいが、知恵比べみたいなところもあるという。

急な畦畔の草もきれいに食べてくれる

放牧地間の移動はみんなで散歩するような感じ

みんなで飼うからいい

須磨谷農場の牛たちは、常に集団行動で夏場は8カ所の放牧地を順々に回っていく。草がなくなって次へ移動するときは、組合員4〜5人で集まって、20頭近くの牛を散歩させるようにワイワイ連れて歩く。リーダーの牛を先頭にすると、他の牛もぞろぞろついてくる。

日々の管理は、主に太田さんともう1人の組合員で行なっている。毎朝5時半頃に放牧地へ行き、濃厚飼料を少し与えながら、発情していないか、怪我はしていないか、エサの食べっぷりはどうかなどを確認する。発情を見つけたら人工授精師さんに種付けを依頼する。分娩日の予測ができるので、その頃注意深く見ていると、ある日突然、子牛が産まれている。あくまでも牛任せの自然分娩だ。事故が起きたことはない。

冬場は雪が降るので太田さんの家の裏にある4・2haの放牧地でエサを与えながら飼うようにしている。ここには簡易牛舎を作っているが、牛は寒さに強くて雪の中でも平気で寝るそうだ。牛舎の回りに糞が溜まったら掃除して、バケット付きのトラクタで近くの田んぼのアゼに積む。春になればとてもいい堆肥に変わっている。

1日の仕事の時間は夏場なら1時間くらい。冬場は糞出しもあるので2時間くらい。もしも都合がつかないときは、他のメンバーに頼むので気楽にできる。

何度か牛が脱柵したこともあるのだが、集落のみんなが見ているので誰かが見つけると捕まえに行って放牧地へ戻す。みんなの牛だからそれで怒る人はいないそうだ。

「放牧は管理がラクだし、牛も健康だと思います。ふつう舎飼いだと10歳くらいで終わるって聞きましたけど、うちの最初に導入した一番古いのが13歳。まだまだ元気な子を産みますからね」

部門別だけで見るとまだ赤字だが…

経営的にはどうなんだろう。

過去5年の平均を見てみると、経費として大きいのはまず飼料代。濃厚飼料と冬場の乾草の約88万円と、自給飼料（WCS）の約87万円（自分たちで作るので実際は購入していないが、稲作部門から購入したと仮定した場合）。それに人件費が約100万円で、そのほか保険料、種付け代を合わせると、合計で約302万円。

一方、収入のほうは子牛の販売代金。過去5年の平均出荷頭数は3．2頭で、平均販売金額は113万円。収入113万円から支出302万円を引くと、現状では189万円の赤字になる。この赤字部分は今のところイネの収益や補助金で賄っているという。

ただ赤字といっても、人件費の100万円と自給飼料（WCS）の87万円は法人の中で動くお金だ。赤字189万円のうち6割以上は地域の仕事づくりになっているわけで、一方的に外に出ていくお金とは違う。また、収支には直接表われないが、草刈り作業としての牛の労力、獣害軽減効果、堆肥製造、さらには転作としてつくるWCSなどは条件の悪い田んぼを守る効果もある。これらが生み出す利益はじつに大きい（図ではこれを試算してみた）。

「牛だけでペイすることもそのうち可能になると思いますよ。この集落だと親牛15頭くらいが適正規模だと思うんですが、それで1年1産して毎月1頭ずつ子牛が売れれば1頭30万円として年間360万円。そうなれば十分ペイできます。それが目標です。今はまだ親牛を増やしているところですが、15頭になって産まれた子牛が全部売れるようになれば経営的にはもっとよくなるでしょうね」

〈牛部門だけの収支〉では189万円の赤字だが…

※過去5年の平均（親牛10頭、育成牛3頭として）

収入	支出				
子牛の販売（3.2頭）	購入飼料（濃厚飼料、乾草）	保険料	種付け料	人件費	自給飼料（WCS）
113万円	88万円	20万円	7万円	100万円	87万円
	外に出て行くお金			法人の中で動くお金	

計302万円

※WCSは38kgのロール（1個655円）を1326個買った場合の金額

〈部門収支には表われないメリット〉を仮に計算してみると…

牛の草刈り労力 …**45.6万円**
19haの放牧地（田畑や山林）の草刈り労賃。時給1000円で1haに8時間かかるとして、年に3回行なった場合の計算

獣害軽減効果 …**75万円**
イネの販売金額約750万円の1割がイノシシの被害にあった場合の計算

堆肥製造 …**5.5万円**
和牛10頭が半年間（冬場）に製造する堆肥22t（生糞36tの60%）を2t車1台5000円として計算

さらに、

転作にイネをつくって農地を守る効果 …**250万円**
条件の悪い田んぼで作付けしているWCSと立毛放牧用のイネ約1.6ha（20筆以上）を5年間放置して、復田した場合の経費（草刈り、小木の切り倒し、小木の抜根、天地返しなど）

牛を導入した場合の経営的なメリット

集落外の農地も守る

須磨谷農場では、牛のエサ自給を目指してWCS用のイネの作付け面積を増やしてきた。牛を導入した平成15年は23aだったが、今年は400aほどある。ただし、集落内で作付けしているのは75aで、残り325aは集落外の十数軒の農家に栽培を委託している。というのも同じ中山間地で転作に困っている人が多いからだ。

苗は須磨谷農場で提供し、植え付けと日常管理は委託した農家にやってもらう。収穫は須磨谷農場で行ない、できたWCSも須磨谷農場で引き取る。その代わり、戸別所得補償の10a8万円は委託先の農家が受け取るようになっている。

WCS用のイネは防除が必要ないので管理はラクだし、もちろん転作としてつくれる。それに補助金ももらえるので、集落外の農家からはとても喜ばれているのだ。本当は、集落内でもっとWCSをつくりたいところだが、太田さんは地域全体の農地を守ることも大事だと考えているので、今のところ75aにとどめている。

「うちの場合はできるところは食用米、条件の悪いところはWCS、湿田でどうしようもないところは立毛放牧のイネをつくるようにしてるんです。立毛放牧も転作になるから、これ以上農地を荒らすことはないんですよ。

経営的には牛だけで見ればまだ厳しい面もありますが、いろんなことをグルッと回して考えてみると、中山間地で牛を入れるメリットは大きいですよ。というか、牛がいないとどうしようもない。山が荒れて農地が荒れてくると、住んでいく人間がおらんようになる。それがいちばん怖いですからね」

(『現代農業』2012年12月号掲載)

牛の放牧で農地を守り、後継者も育てる

山口県・(農)アグリ中央

(農)アグリ中央 村岡 章

牛の導入は耕作放棄地の解消がきっかけ

農事組合法人・アグリ中央が畜産の導入に踏み切ったのは、直接的には地域の耕作放棄地の解消と、水利や日照など耕作条件の悪い水田の維持管理をするためです。山口県が山口型放牧事業の支援体制をとり、農家を支えているから安心して取り組めるという背景もありました（138ページ参照）。ただ、長期的には法人経営の多角化を図り、経営の安定を目指していかなければ法人の未来はないという考えもありました。

アグリ中央は、思いのほか決断力があり積極的に事業展開している面白い組織です。平成18年の設立以降、経営部門で基本となる水稲、大豆、野菜、作業受託の各部会に加え、コイン精米所、農産物直売所、農産物加工部門を設置してきました。そして畜産部門です。法人全体の年間の営業収益は9000万円ほどで、これに補助金・助成金が加わるとお考えください。畜産部門の経営状況については後で触れますが、牛を導入したことにより、340aほどの耕作放棄地が解消され、全体として697aほどの条件の悪い水田の維持管理ができています。

若い女性の後継者が畜産部門の大黒柱

岡藤佳恵さん（28歳）がアグリ中央に就職してくれたのは牛を導入した4年前の平成20年です。動物好きな彼女は地元の日置農業高校、山口県立農業大学校で

田んぼに牛がいる風景。(農) アグリ中央は、経営面積約20ha、組合員76戸の集落営農

畜産を学び、ほかの会社で修業した後に来てくれました。就職当時は独身だったので畜産農家に嫁に行くのだろうかと思っていましたが、いつの間にかJA職員とゴールインしました。彼女が許してくれているので今でも旧姓の「和田さん」と呼んでいます。

じつは私は日置農業高校の教員で彼女はその生徒でした。かつては「和田!」と大声で叱ることもありましたが、今ではしっかりとした後継者になってくれました。2頭で出発した設立当初から関わってもらい、今では預託牛を含めて20頭になったアグリ中央畜産部の大黒柱です。

岡藤さんの1日の流れ

▼早朝は林間放牧地の牛のエサやりから

朝6時30分、山間にある林間放牧地で岡藤さんの1日はスタートします。定刻になると牛たちは林間放牧地からゲートに集まってくるので、牛舎に入れてやって簡単な給餌をします。ときには山の奥に行ってしまい、帰ってくるのが遅いときは「ホーイ、ホーイ」と呼びに行くこともありますが、それも朝のコミュニケーションでしょう。アグリ中央の牛たちは、出産後7日目には母子分離され、発情が回帰すると人工授精さ

子牛を出荷する朝、牛舎にて。岡藤佳恵さん（左）と筆者の2人で主に畜産部門を担っている

れ、妊娠が確認されると地域に点在する水田放牧地に出ていきます。出産するときは牛舎がある林間放牧地に戻ってくるので、ここ林間放牧地は、さしずめ水田放牧牛の拠点なのです。

　アグリ中央では、まず牛をよく運動させて早期に受胎させること、次に放牧していても扱いやすい牛にすることを目標にしています。これらを達成するために、第一に繁殖管理に注意を払っています。スタンチョンにつなぐと発情の確認をするのが日課です。陰部、乗駕痕、行動など注意して見ていきます。おかげで昨年はちょうど1年1産の状態でした。第二に、放牧地での牛の扱いをラクにするためにはスキンシップが欠かせません。声をかけながら入念なブラッシングをします。岡藤さんの細やかな世話が威力を発揮しています。

▼午前中は電気牧柵の設置や子牛の哺乳など

　7時。育成牛と子牛の給餌が終わると野菜部門の庄《しょう》萌《めぐみ》さんとミーティングです。たとえば9月16日のミーティングは、手伝いに来てくれた藤野大介君（山口県が開講している農業支援塾の塾生）も加わり、放牧牛の移動のための電気牧柵の設置と撤去、そして牛の移動手順の打ち合わせです。

　12カ所ある水田放牧地を上手に使って、牛たちに牧草を食べさせ、荒廃させることなく地域の方に預けていただいた水田を管理していくためにはローテーションを考えた上手な草作りが欠かせません。この分野はまだ十分とはいえず、周年放牧技術の獲得が急務となっています。また、運搬車を持っていないアグリ中央にとって、牛の移動はトラックを持っている地域の畜

組合員所有の3haの山に林間放牧地と牛舎があり、牛たちはここを拠点に地域の12カ所ある水田放牧地に順次移動していく。子牛の育成は主に林間放牧地で行なう

産農家の協力も大切です。

8時。子牛の哺乳開始です。基本的には3カ月までの人工哺乳ですが、牛の状態を見ながら短い哺乳期間もあれば長い期間のときもあります。ここでも女性ならではの気づかいができる岡藤さんの世話が威力を発揮します。

その後、水田放牧地の牛たちの見回りをします。フスマのお土産を持って見回りに行きます。草がおいしくて見向きもされないときもありますが、健康状態の確認とスキンシップは欠かせません。

▼日中は放牧地の草の状況などを見回る

9時から昼食を挟んで午後2時30分までの時間帯をどう有効に使うか、これがアグリ中央畜産部の経営の大切なポイントになってきます。牛舎のボロ出しや放牧地の草の状況など気を配っておかなくてはならない範囲は広く、かつ放牧地の数が多いので、地域内を軽トラで走り回ることが多くなります。次にどんな作業が必要になるかなどをこのときに考えます。時には堆肥が欲しいといわれる組合員さんに堆肥を届けることもあります。

午後2時30分からは林間放牧地に戻り、放された牛

間伐材をふんだんに使った牛舎でエサをやる岡藤さん

たちの給餌とブラッシングです。発情を発見すると地元の畜産農家で人工授精師である林実さんに連絡し、授精の相談をします。岡藤さんも資格はありますが、現在は林さんの下で見習い中です。

午後4時。子牛たちの哺乳を開始します。その後は水田放牧の牛たちの見回りと畜舎周辺の整理整頓をして5時には終了できますが、そこは生き物ですので気になるところに目を向けると6時を過ぎることもあります。

後継者の給料は払えるようになってきた

アグリ中央が畜産部門を軌道に乗せるためにとった方策は、一つ目には牛舎には金をかけすぎないこと。間伐材や足場鋼管（単管パイプ）などを積極的に利用しました。二つ目は収入を早く上げるために、妊娠牛の導入を積極的に行なっていることです。ただ放牧適性のない場合は、保留せずに市場へ出荷します。目的に合わない牛は不経済だからです。三つ目は、育成牛舎の利用率を高めることです。アグリ中央では早期の母子分離を行ない子牛を育てているので、育成牛舎が空くときは酪農家のET産子（受精卵移植した濡れ子状態の子牛）を導入して一緒に育てます。その結果、図1のような子牛の売り上げになりました。昨年からはやっと畜産農家らしくなってきました。

アグリ中央の耕作面積は、図2のように畜産導入当初と比較して3倍以上の約20haになりました。畜産関係の面積が年々増え、全体の36%を占めるようになりました。今後もこの傾向は続くと考えられ、畜産部門

図1　アグリ中央の牛の頭数や子牛の販売金額

	保有牛		預託牛		飼育頭数	販売子牛の頭数	子牛の販売金額（税抜）	平均販売価格
	成牛	育成牛	成牛	育成牛				
平成20年	2頭	2頭	0	0	4頭	0		
平成21年	4頭	5頭	0	1頭	10頭	0		
平成22年	10頭	3頭	1頭	1頭	15頭	7頭	242万8000円	34万6857円
平成23年	12頭	0	1頭	1頭	14頭	13頭	464万2000円	35万7077円
平成24年	11頭	3頭	1頭	5頭	20頭	11頭	414万8000円	37万7091円

この2年は子牛の販売頭数が増えたので販売金額が伸びた。子牛の育成技術が上がってきたせいか平均販売単価も伸びている

図2　畜産関係の耕作地の面積

	林間放牧地	水田放牧地	採草・放牧兼用地	採草地	WCS	畜産関係耕作面積	アグリ中央耕作面積	畜産関係面積率
平成19年度	0	0	0	0	0	0	614 a	0%
平成20年度	300 a	0	0	0	0	0	951 a	0%
平成21年度	300 a	52 a	0	123 a	0	175 a	1419 a	12%
平成22年度	300 a	101 a	0	238 a	50 a	389 a	1679 a	23%
平成23年度	300 a	101 a	0	332 a	50 a	483 a	1759 a	27%
平成24年度	300 a	68 a	312 a	167 a	150 a	697 a	1950 a	36%

※アグリ中央耕作面積は作業受託約2000 a を除いたもの

牛の数が増えるにしたがい畜産関係の耕作面積も増えてきた。とくに最近はＷＣＳや採草地（水田活用の牧草地）の面積が増えている

の必要性が高くなってきていると思います。

経営の話になります。育成牛がまだまだ多いので安定的な収入が得られる状態とはいえませんが、補助金（ＷＣＳなど）と子牛の販売金額とで岡藤さんの給料と作業の補助に来てくれた方の給料は払える状態になってきました。それでもエサ代などを含めた畜産部門全体の収支は少し赤字です。地域の農地を守るという法人の目的を担っていること、若き後継者の育成ができていることで許してもらいたいと思います。

地元畜産農家との連携なくして成り立たない

最近どんどん推進したいと考えていることに、地元畜産農家との連携があります。実際のところ地元の畜産農家との連携なくしてはアグリ中央の畜産部門は成り立たないからです。

それは第一に、放牧牛の移動や子牛の出荷に地元畜産農家のトラックを頻繁に使っていることです。第二に、牛の数が増えるにしたた

水田放牧が終わり、電気牧柵を撤去しているところ

がってサイレージの確保が欠かせなくなってきましたが、それを作るためのノウハウや農業機械の活用は地元の畜産農家の協力なしにはできません。第三に、求められる子牛の育成技術や交配する精液など学ぶ点が多くあることです。

実際、9月中旬に行なったWCSの収穫や放牧牛の移動、子牛の出荷は地元の畜産農家の原田さんに協力していただきました。そのときに交わした会話内容は、畜産情勢、子牛の育成方法、交配精液など多岐にわたり、多くのことを学びました。

農事組合法人が畜産部門を導入することで、地域にのどかな水田放牧風景が定着しはじめ、若き後継者がどんどん育成され、畜産農家同士の連携も強化される。そんな将来に結びつく役割を着実に果たせたらいいなと、つくづく考えています。

（むらおか あきら 『現代農業』２０１２年12月号掲載）

牛糞堆肥を活かした飼料米の多収栽培

福島県・五十嵐清七さん

編集部

飼料米栽培の経緯

「田んぼは米をつくるのに最適な装置。それを活かして、スイーツもビフテキも米でつくることを考えるべきだ」

新規需要米の意義をそう話す五十嵐清七さんは、2010年、飼料米を90aつくる。3・7ha作付けるイネのうち2・8haは「コシヒカリ」、残り90aに多収品種の「ふくひびき」を植える。

五十嵐さんの飼料米栽培歴は2010年でちょうど10年目になる。始めた当時は酪農もしていた。そこで、自給飼料を確保するのにデントコーンをつくったりしたのだが、真っ平らな会津盆地では湿害でダメにすることがたびたびだった。

この地域で牛のえさを自給するには米しかない――。そう決心したのが2001年のことである。牛を飼う

五十嵐清七さん

には稲わらも欲しかった。そこで行政に掛け合い、「ひとめぼれ」や「コシヒカリ」を飼料米＝転作作物としてつくることを認めてもらった。

いまや飼料米生産は国策であり、米粉用米と並んで自給率向上の切り札に位置づけられた感があるが、10年前に飼料米生産を始めたころは正反対だった。なにしろ収穫時期になると、役場の職員が変装して近くでイネ刈りをしているのだ。五十嵐さんいわく「刑務所の中でイネをつくっているようなもの」。農協や土地改良区も含めて、飼料米用のフレコンにちゃんと入れたか、横流ししていないか、と周囲から監視されながらつくった。

このころは、自分の田んぼを1haほど飼料米にあてたほか、近所の人に栽培してもらった飼料用「ひとめぼれ」「コシヒカリ」の収穫以降を引き受けた。合わせると、最も多いときは約5ha分の飼料米を自分で飼う乳牛のえさにしていた。収穫した米は、密封できるようポリ製の内袋を入れたフレコンに籾のまま詰め、糖蜜と乳酸菌、ギ酸を溶かした液を加えてソフトグレインサイレージ（図1）にした。濃厚飼料の3割をこの飼料米サイレージにして牛に食わせたところ、米をえさにしていたその時期だけ、乳量が平均1万kgを超えた。

米で転作するにはホールクロップサイレージもある。しかし、これには高額の専用機械が必要だ。その点、飼料米は、稲作農家がふつうにもっている農機で、食用米と同じように栽培・収穫できる。飼料米を牛のえさにする方法も、ソフトグレインサイレージのほか、圧扁籾で給与する方法が福島県の畜産研究所などで研究されている。

図1　ソフトグレインサイレージ

五十嵐さんの飼料米は、2003年から福島県の研究所の試験のために提供するようになり、自分の牛のえさにするには足りなくなった。2008年には、孫が生まれたのをきっかけに酪農そのものはやめ、繁殖和牛を飼うだけになったこともあって、飼料米の利用のほうは途切れている。だが、米が牛のえさとして優れていることはすでに確認済みだ。

栽培については、仲間5人とともに「会津坂下飼料米研究会」を結成、多収技術を研究してきた。6人の平均収量(玄米)は10a当たり750kg前後で、五十嵐さん自身は最高960kgとったこともある。2008年からは、飼料米が新規需要米に位置づけられたことがきっかけとなってJA会津みどり飼料用米研究会(会員70人)が発足し、反収1tを目指す栽培を呼びかけている。現在、五十嵐さんはその代表も務める。同JA会津管内では2009年は30ha、2010年は100haの飼料米の作付けとなった。

栽培の特徴

栽培品種は「ふくひびき」である。数ある多収品種のなかでも「ふくひびき」にこだわるのは、ジャポニカ系の品種だからである。多収だけを目指すなら、インディカ系の品種のほうがいいかもしれない。しかし日本でつくるなら、やっぱりジャポニカ系の品種で勝負したい。そのほうが日本の気候風土に合っているような気がするからだ。そこで五十嵐さんは、10年にわたって「ふくひびき」の性質を研究し、インディカ系品種に負けないくらい多収するためのコツを追究してきた。

表1　飼料米栽培の特徴

品　種	ふくひびき
目　標	1tどり(反当)
栽培の特徴	稚苗を坪70～80株、1株6～7本の密植 完熟牛糞堆肥2t/10a投入 牛の尿液肥で追肥窒素2kg分(約800ℓ)/10a
収　量	最高960kg/10a

1．長めの栄養生長でデンプンを貯め、密植で籾数確保

まず「ふくひびき」は、分げつは少なく大きな穂をつける傾向がある。そして「急いで体をつくって穂をつくろうとする」性質があるという。

たとえば食用の「ひとめぼれ」同様に中苗で植えると、分げつは少ないのに幼穂形成期も出穂期も確実に何日か早い。作業的には都合がいいのだが、これでは超多収は狙えないと五十嵐さんは考える。籾数が制限され、さらに栄養生長の期間が短い分デンプンを十分に貯められず、大きな穂を完全に登熟させられないからだ。

そこで五十嵐さんは、あえて稚苗で坪70～80株、1株6～7本の密植にする。そのほうが茎数が多いから籾数を十分に確保できる。しかも中苗で植える「ひとめぼれ」と比べて出穂期が2～3日おそくなるくらい栄養生長期間が長くなるのでデンプンが貯められ、実りもよくなる。

2．堆肥で葉色を落とさず穂肥には尿液肥

また「ふくひびき」は、一度葉色が落ちると追肥をしてもなかなか葉色が上がってこない。そして「コシヒカリ」などと違い、色落ちさせてしまうとデンプンが貯まりにくい性質がある。だから多収するためには、常に葉色が濃い状態を保たなければならない。

そのために重要なのが、堆肥の使用である。

もちろん化成肥料も、窒素分で基肥に約8kgと大量に入れる。しかしこれだけ入れても、化成のみだと葉色を維持するのがむずかしいので反収800kgがいいところ。もっととりたいと基肥に10kg入れてみたこともあるが、さすがにそこまで集中して入れると、倒伏に強い「ふくひびき」でも倒れてしまった。

しかし堆肥なら、気温の上昇に合わせて窒素成分がじわじわ出てくるので葉色を落とさずに後半までゆっくり効く。五十嵐さんは完熟牛糞堆肥を毎年10a当たり約2t入れるので、化成の8kgに上乗せして約4・2kgもの窒素（窒素分は0・3％だが、経験的に70％くらいが効くと思っている）が入ることになるが、それでも倒伏することはなく、むしろ収量を上げる方向に効く。

さらに天候がよければ出穂20日前を目安に追肥もする。これは研究会の栽培暦だと化成肥料で2kgとなっているが、五十嵐さんは自分の牛の尿液肥を窒素2kg分（約800ℓ）／10a流し込む。化成の追肥同様の

効果があり、コストも減るので非常にいいのだ。

こうして栄養生長期間を長くとり、葉色を落とさずにつくった結果、最高収量は960kg／10aに到達した。しかもタンパクは約8％と高めで、飼料としても優れた米ができる。

ただし問題は、現在のやり方だと化成肥料を大量に使う分、コストがけっこうかかる。そこで、将来は地域の畜産農家の協力も得て、基肥の化成肥料の代わりに大量の牛の尿液肥を使い、堆肥も4t／10aくらいに増やすやり方はできないかと考えている。そこまでやれば、はじめて本当の意味で地域の資源を活用した循環型の農業を確立できると思っている。

3．堆肥は完熟させて使う

堆肥は熟成したものを使う。畜産農家で堆肥を入れて毎年倒している人がいるが、これは未熟堆肥に原因がある。未熟な堆肥ほど「夏うらみ」といって、春は効きがおそいのに夏の暑いときに一気に効いてイネを倒す。しかし、ちゃんと熟成した堆肥なら効きだすのもわりと早い。

五十嵐さんが使っているのは、自分の和牛の糞に種菌として戻し堆肥を入れて発酵させた堆肥。仕込むとすぐ熱が出てきて3日で60℃くらいになるので、月に3回くらい切り返して熟成させる。糞をそのまま野積みにしておいたら1年たっても何にもよくならないが、こうやって発酵させれば3か月くらいでもちゃんと熟成して、温度は30～25℃にまで下がってくる。こういう堆肥なら、3t／10aくらい入れれば堆肥だけで「コシヒカリ」もつくれるほどである。

栽培方法

1．異常気象の2010年も平年並み

会津では2010年、春先の低温で残った肥料が暑くなった7月以降に一気に効いたためか、主力の「コシヒカリ」は丈がぐんと伸び、収穫直前の雨続きで軒並み全面倒伏した。7～9月の猛暑による高温障害も響き、一等米比率も60％まで落ち込んだ。五十嵐さんのイネも、さすがに影響を受け、「コシヒカリ」はかなり倒伏して刈取りには苦労した。

でも、収量や品質は、思ったほど悪くなかった。「コシヒカリ」の収量は例年どおりで反当たり約550kg、品質も全量一等米だった。飼料米の「ふくひびき」については、ビシッと立ったまましっかり800kg／10aくらいとれたのだ。

「これからの稲作は、耕畜連携して堆肥使ってやってかねえとダメだと思う」とますます自信を深める。話に聞くかつての会津の稲作名人は、イネの姿と天候を読んで「かくし肥」と呼ばれる細やかな追肥技術を駆使してどんな年でも安定した収量をあげたという。でも、いまや稲作にそんな手間やお金はかけられないし、2010年ほどの天候激変を予測するのは至難の技である。

その点、堆肥稲作は、毎年違う天候に合わせてじわじわ出てくる肥効を利用してしまう栽培である。追肥の手間も金もかけず、イネの生育におまかせする形で高品質な米が安心してつくれるというわけだ。

とはいえ、堆肥さえ入れればそれでよいというわけじゃない。イネがより本来の力を発揮できるように条件を整えてやるための栽培技術が必要なんだ、ということも2010年はよくわかった。

2. 堆肥稲作の品種と施肥設計

堆肥は、毎春すべての田んぼに反当たり2t入れる。自らが繁殖牛農家でもあるため、その牛糞に籾がらを混ぜ、月に2〜3回切り返して3〜4か月発酵させた自作の堆肥だ。これをベースに、イネの品種特性を考え合わせて施肥設計や栽植密度を決める（図3）。とくに五十嵐さんがつくる「コシヒカリ」と飼料米の「ふくひびき」は、品種の性格がまったく違うのだ。

(1) コシヒカリ

①分げつしやすい、②倒れやすい、③肥料に敏感、④葉色がコロコロ変わる。食味重視なので、登熟期の葉色が濃すぎてはダメ。

(2) ふくひびき

①分げつしにくい、②倒れにくい、③肥料に鈍感、④一度葉色が落ちるとほとんど回復しない。収量重視なので、収穫時まで葉色が濃いほうがいい。

分げつしやすい「コシヒカリ」には、基肥に化成で窒素1・8kg／反入れるだけ。春の気温が低い会津でも、最低限必要な分げつを確保するための補助的な肥料という位置づけだ。

それでも分げつは増えすぎるおそれがあるので、栽植密度は、坪50株3〜4本の細植えにして余裕をもたせる。

いっぽう「ふくひびき」は、基肥に尿素で窒素6kg／反、出穂20日前に追肥も窒素2kg／反やって、とにかく葉色を落とさないようにする。一度葉色を落としてしまうと、収量ができきめんに落ちてしまうからだ。

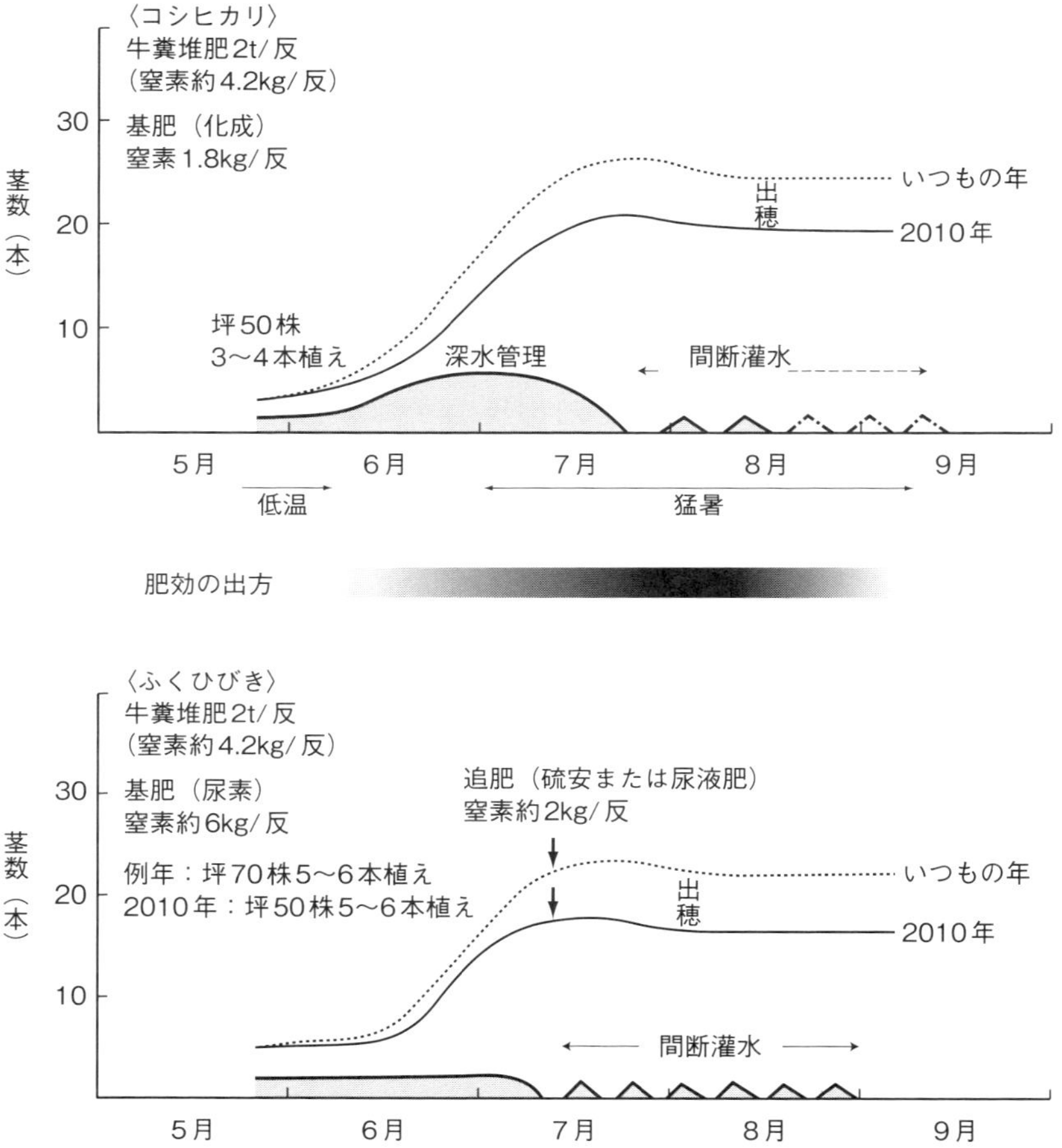

図3 五十嵐さんの施肥法とイネの生育イメージ

それでも分げつはとれにくいので、栽植密度は坪70株5～6本にする。

こんなふうに施肥設計と栽植密度だけを見ると、2つの品種はつくり方もまったく違う。でもイネの育ち方を見ると、じつは結構似ているのだ。

3．初期生育ゆっくり、分げつはむだなく

2010年も、施肥設計はいつもどおりでスタートした。ところが田植え後しばらくは記録的低温と日照不足だった。五十嵐さんの田んぼは、「コシヒカリ」はもちろん、基肥をしっかり入れている「ふくひびき」の田んぼでも、ほかの人の化成肥料のみで栽培する田んぼと比べると初期生育が遅れた。

窒素の量は、堆肥を入れる五十嵐さんの田んぼのほうが多いはずである。それでも遅れたのは、「堆肥を入れた田んぼは、基肥の窒素もいったん土に取り込んでゆっくり効く」からだ。

堆肥を入れると、まずそれを分解するための微生物が増える。その活動のために手っとり早く使える化学肥料の窒素が取り込まれ、あとで微生物が死んでから放出される。つまり堆肥の肥効、化学肥料の肥効ときっちり分かれてでるわけでなく、合わせて地力窒素的にゆっくり効いてくるのだ。とくに牛糞堆肥を入れた田んぼでは、肥効がゆっくりでる傾向が強いという。

しかも2010年の「ふくひびき」は、種子用としてつくる関係で、いつもより疎植の坪50株植えにした。田んぼは7月初めまでうね間が見えるほどさみしい姿。それでも五十嵐さんは焦らなかった。逆に「青作がきれいだと、俺はうれしくないんだ」。

「ふくひびき」でも「コシヒカリ」でも、五十嵐さんが目指しているのは、でてきた茎が、淘汰されずに全部穂になる稲作。そうすれば1本1本の茎に効率よく肥料が行き渡り、穂も粒も大きくなってしっかり実る。だから、「コシヒカリ」「ふくひびき」のどちらの品種でも初期茎数確保は狙わず、じわじわでてくる肥効を活かして分げつもゆっくりとればいいと思っているのだ。

4．肥効は水管理で調節できる

気温が上がるにつれてじわじわ出始める肥効が本格的にでてくるのは、会津では6月下旬以降である。「コシヒカリ」なら出穂約40日前から、「ふくひびき」なら出穂約30日前からにあたる時期だ。ただ2010年は、出穂前が極端に低温で肥効が抑えられ、その後は

極端に高温で肥効が一気に出る傾向があった。おかげで「コシヒカリ」は、化成肥料のみの田んぼでも節間がぐんと伸びて倒伏した。

五十嵐さんの田んぼでも、「コシヒカリ」のかなりの部分が倒伏した。ただし倒れずに踏みとどまった部分もあった。違いは、水管理だという。五十嵐さんの経験では、田んぼの肥効の出方は、地温と水に影響される。地温が上がれば肥効がでてくるのはもちろん、水を落として土が空気に触れても、窒素を取り込んだ微生物や有機物の分解が進むためか、やはり肥効がでてくるのだ。地温は、天候によって左右されるので調整するのは難しい。でも水だったら自分で調整できる。

たとえば「コシヒカリ」では、茎数が株当たり15本くらいとれた時点で葉耳が隠れるほどの深水にして、過繁茂にならないようにする。その後、地温が上がって田んぼから肥効がでてくる出穂40日前ころから水位も徐々に下げ、出穂20日前ころにはいったん湛水を落として土を空気に触れさせる。そうすると、ちょうど穂肥をやったように肥効がぐっとでて大きな穂をつけることができるという。

あとは1週間おきくらいに水を入れる飽水管理で、田んぼの水分が切れないようにする。そして登熟期までじわじわと肥効を切らさず、実りをよくする。

ただし大事なことは、水を落としても極端に乾かさないことである。乾かすと地温も上がりやすいので、急激に窒素が効いてイネが伸びすぎたり、根っこが切れてあとあと肥料の吸収が悪くなったりするからだ。

ところが2010年は、夏の猛暑に干ばつも加わり、水が思うように使えなかった。とくに「コシヒカリ」の田んぼでは出穂後2週間まったく水が使えず、かなり乾いてしまった部分もあった。案の定、乾いたところほど節間が長くて倒伏もひどく、実りが悪くて米の品質も落ちた。堆肥稲作には水が必要不可欠だということを再確認することになったのだ。

5. イネの育ち方に合わせて肥効がでる

課題も見つかったが、収量・品質的には「コシヒカリ」も「ふくひびき」もいつもの年とそれほど変わらなかった（図4〜6）。「堆肥を入れたイネは、いつも変わらないんだ」と五十嵐さんはいう。

春の気温が低くて茎数が少なければ、イネはとれただけの茎に大きな穂をつけることで子孫をたくさん残そうとする。気温の変化に合わせて生育中期からでてくる肥効は、そんなイネの育ち方に合わせるかのよう

図4　五十嵐さんのふくひびき生育経過（倉持正実撮影）

①～③堆肥稲作区：坪50株植え、反当たり窒素堆肥4.2kg、基肥6kg、穂肥2kg
④～⑥化成肥料区：坪70株植え、反当たり窒素基肥6kg、根づき肥0.8kg、穂肥2kg
①5月31日（田植え5日後）：茎数平均5本/株、草丈平均14.2cm、葉齢3.5
②7月4日（出穂約30日前）：茎数平均14.8本/株、草丈平均54.8cm、葉齢9.5
③9月3日（収穫前）：穂数平均16.2本/株、一穂粒数平均122粒、千粒重（籾）約26.5g、稈長71.7cm、葉齢13
④5月31日（田植え13日後）：茎数平均4本/株、草丈平均21.9cm、葉齢4.5
⑤7月4日（出穂約30日前）：茎数平均18.2本/株、草丈平均65.8cm、葉齢11.5
⑥9月3日（収穫前）：穂数平均16.2本/株、一穂粒数平均91.8粒、千粒重（籾）約24.1g、稈長68.2cm、葉齢14
堆肥稲作区①～③は、茎数の増え方はややおそかったが、大きな穂に大きな粒が実り、収量は化成肥料区④～⑥を上回った

図5　ふくひびき出穂30日前（7月4日）の比較（倉持正実撮影）

①堆肥稲作区：茎数が少なく、草丈も短いので条間がよく見える
②化成肥料区：茎数が多く、草丈も長いので条間が見えない
③左：堆肥稲作区、右：化成肥料区。どちらも茎数16本の株の根を洗い出してみたところ。堆肥稲作区のイネは枝根が発達していて、ゆっくり茎数を増やしたためか、今まさに伸び始めた太くて白い根も多い

に必要な養分を供給する。「堆肥を入れてる田んぼは、銀行もってるのと一緒。イネが必要なときに必要な量の堆肥をだせるんだ」。

　また毎年入れていると、堆肥を分解する微生物をきっかけにいろんな生きものが増えるためか、土がトロトロになってくる（図7）。もともと五十嵐さんの田んぼは川沿いの砂がきつい土質だったが、今や表面は分厚いトロトロ層である。水持ちも肥料持ちも以前とは比べものにならないくらいよくなったので、今年のような干ばつでも周りの田んぼと比べれば乾きにくかった。その分最後まで実りがよかったとも考えられる。

「今から15年前は、気温もずっと低かった。そのころから

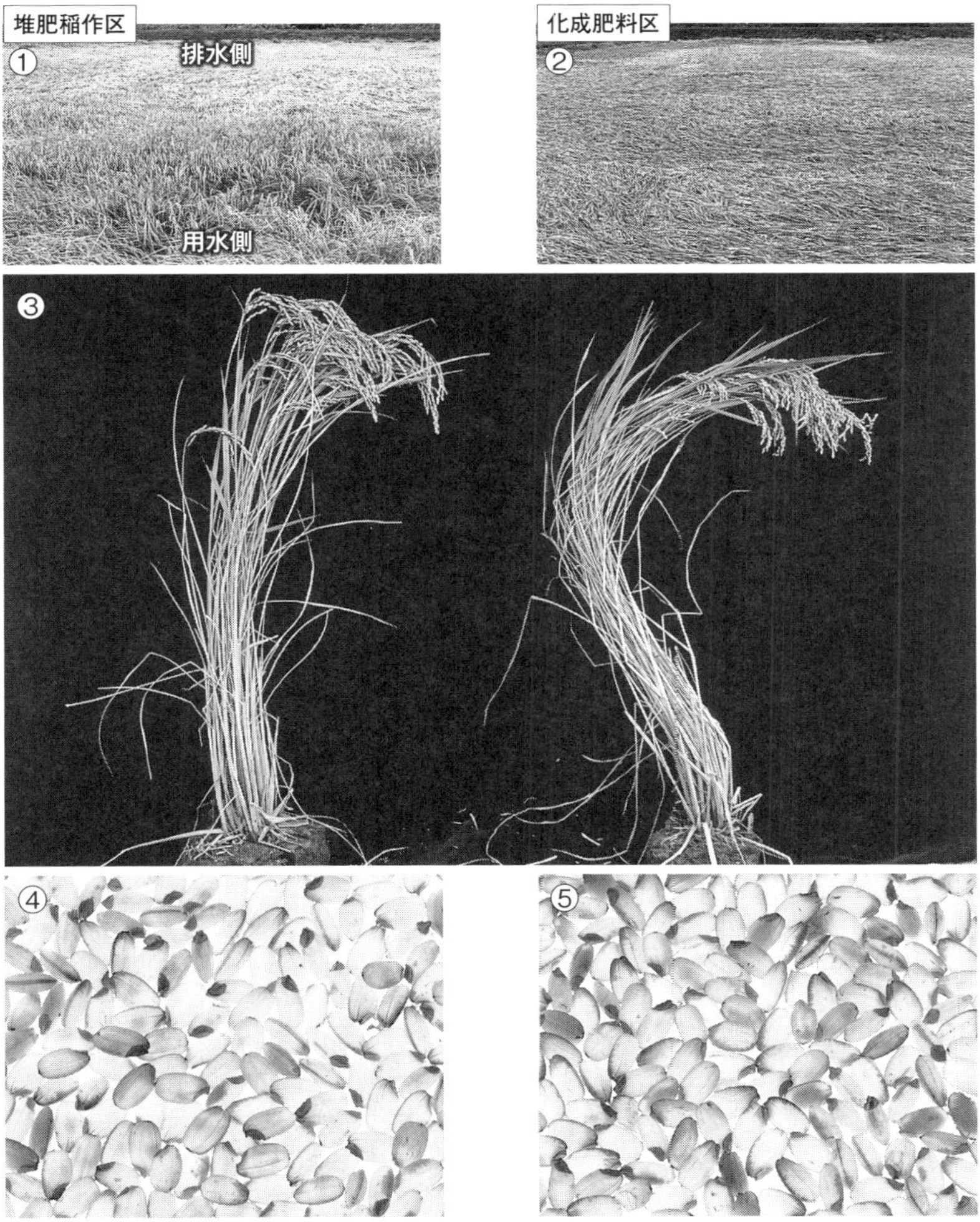

図6　コシヒカリ収穫直前（9月30日）の状態と収穫後の玄米（倉持正実撮影）

①五十嵐さんの田んぼ。排水側の乾きやすい部分はベッタリ倒れてしまったが、用水側の比較的水分を保てたところはもちこたえた

②基肥で反当たり窒素4kg、出穂10日前に穂肥で反当たり窒素2kgやった田んぼ。全面ベッタリ倒伏してしまった

③左：堆肥稲作区。穂数19本／株（坪50株植え）、一穂粒数平均123.2粒、玄米千粒重（概算）約22.2g、稈長90.5cm

右：化成肥料区。穂数24本／株（坪60株植え）、一穂粒数平均87.1粒、玄米千粒重（概算）約21.0g、稈長95.7cm

④五十嵐さんの堆肥稲作区のコシヒカリの玄米。猛暑にも負けずシラタ（濁って影になっている米粒）が少なかった

⑤高温障害の影響か、シラタが目立つ（五十嵐さんの化成肥料区）

考えると、今はイネの消耗がずいぶん激しい。これから先を考えると、毎年堆肥を入れる努力が必要なんじゃねえのかな」。

２０１１年は、春にふる堆肥を３ｔくらいに増やし、化学肥料を使わない「コシヒカリ」づくりに挑戦してみようと五十嵐さんは思っている。

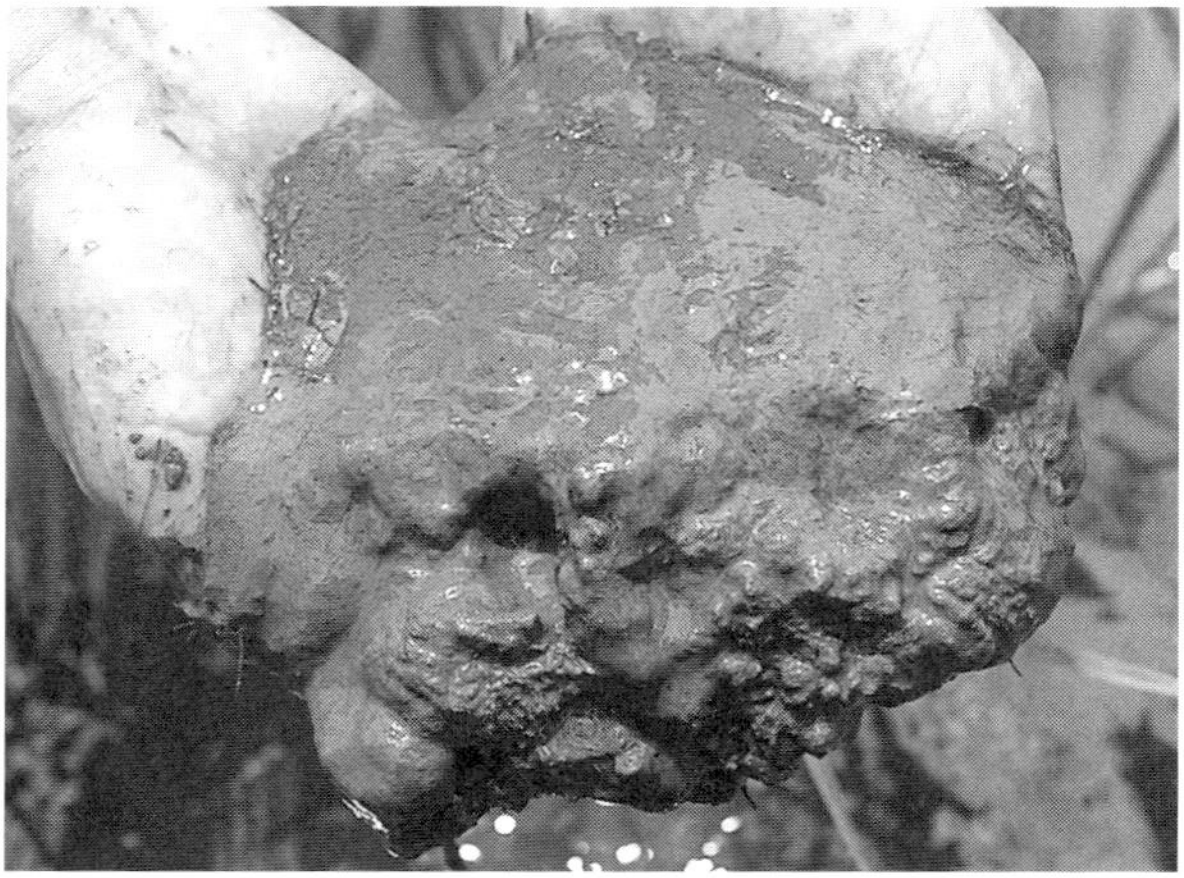

図７　五十嵐さんの田んぼの土（７月４日）
（倉持正実撮影）
イトミミズがウジャウジャいて、分厚いトロトロ層が発達している

飼料米給与と肉質・乳量向上

五十嵐さんは、畜産農家の仲間が飼料米入りのえさで育てた牛肉を食べて、和牛のえさとしての飼料米にも自信を深めた。県の畜産研究所でも、肥育全期間中に25％（ＴＤＮ比）の飼料米を混ぜたえさを給与した牛の肉質は、慣行と同等かむしろそれ以上であることを確かめている。

豚肉では、飼料米で育つと脂肪中のオレイン酸の割合が高くなることが明らかになっている。五十嵐さんには、牛の場合も同じではないかという期待もある。オリーブ油の主成分であるオレイン酸は身体にいい油として知られ、牛肉を焼いたときの香りやおいしさも高めるという。そうであれば、飼料米によって、おいしいだけでなく身体にもいい霜降り牛肉ができるかもしれない。これからの牛の改良は遺伝的にも総合技術的にもオレイン酸などの不飽和脂肪酸を高める方向に向かうとも考えている。

また、すでに述べたように、濃厚飼料の３割を飼料米サイレージにして乳牛に給与したところ、その時期だけ乳量が平均１万kg／年を超えた経験をもっている。

（『農業技術大系・作物編』第３巻　２０１０年記）

山里の和牛産地、飼料イネをみんなでつくる

WCSで冬も放牧できた

茨城県大子町

編集部

機械を使わず運べる「らくらくきゅうじくん」を使って、放牧地でもWCSをきれいに食べさせる

「重い」をどう解決する？

未曽有の飼料高騰の今、地元産の飼料イネホールクロップサイレージ（以下WCS）は、安定した価格で手に入るありがたい粗飼料だ。でも難点はその重さ。専用収穫機で調製するとロール1個が200〜300kgにもなる。高価なベールグラブ（ロールをつかんで運ぶ重機）を持っていない小規模農家には、とても扱いにくい飼料だ。

だが、その難点を乗り越える産地が出てきた。場所は茨城県の最北西端にある大子《だいご》町。黒毛和種の繁殖雌牛の頭数が県全体の3割を占め、町内に家畜市場もある一大和牛産地だが、繁殖雌牛の平均飼養頭数は3〜

チェーンブロック三脚

写真の部品を組み合わせて自分でつくれる

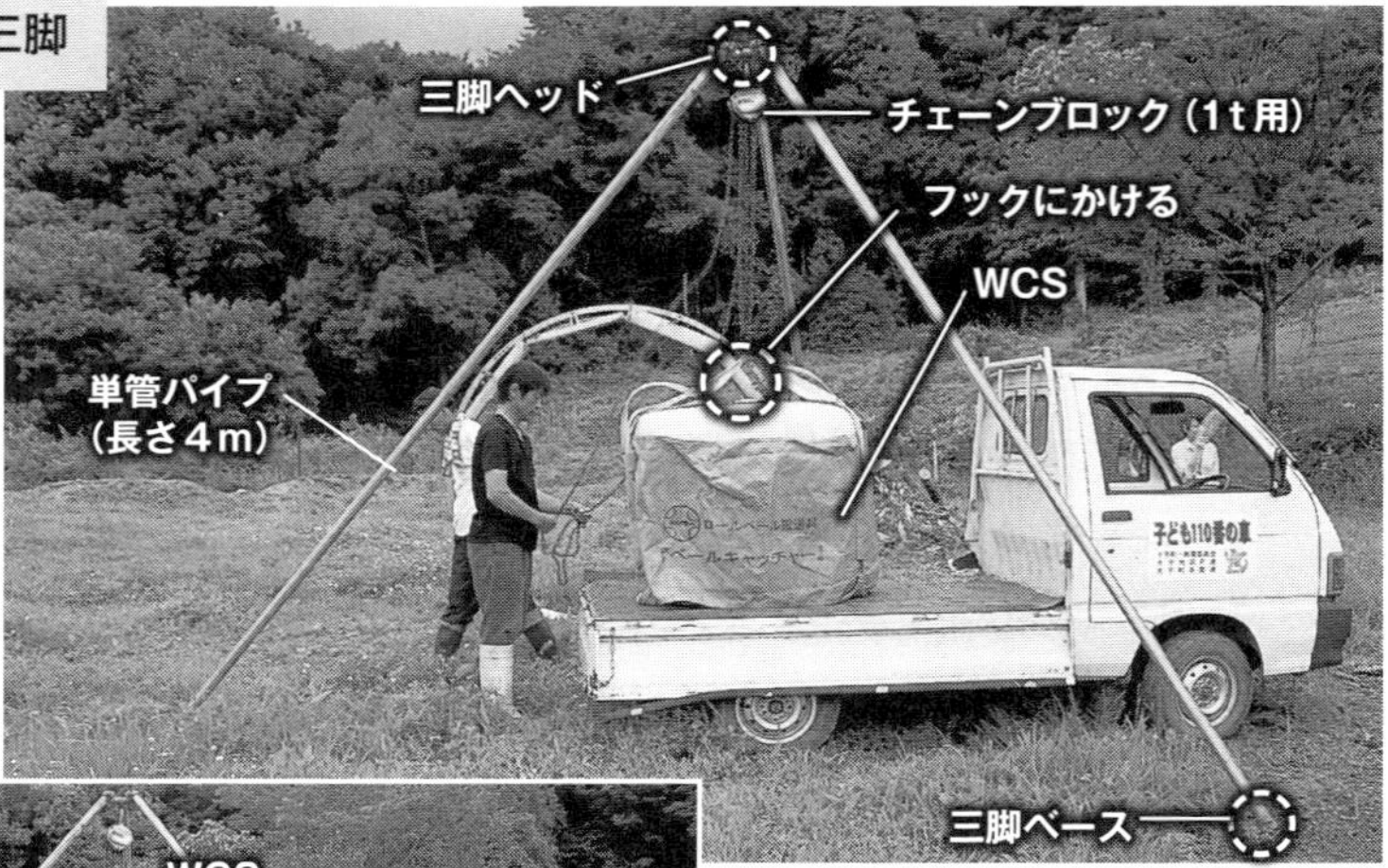

軽トラの荷台にのせたロールに、ロール運搬用の袋（ロールベールキャッチャー）をかぶせて、その取っ手をフックにかける

軽トラを移動させ、チェーンを引いてロールを下ろす

5頭と小規模だ。最近ここで、飼料イネのWCSを使う農家がどんどん増えているという。

ロールの持ち上げ簡単「チェーンブロック三脚」

それにしても重いロールをどうやって重機なしで移動させるのだろう。

大子町を訪ねると、ロールの目の前にあったのは軽トラと、チェーンブロックがぶら下がった大きな三脚。チェーンブロックは鉄の鎖、フック、滑車を組み合わせた持ち上げ道具で、チェーンを軽い力で引くだけで重いものを上げ下げできる。ベールグラブは中型トラクタに付けるアタッチメントだけで50万円もするが、チェーンブロック三脚は2万～3万円でつくれる。

チェーンブロック三脚はもともと造園業などで使われてきた。これをWCSの上げ下げに使うアイデアは、中央農業総合研究センター（以下、中央農研）が2年前に提案。以来大子ではWCSを使う農家が急増した。

町内ではまだWCSの生産をしている農家は少ない。そこで、地元の専門農協の大子町畜産農業協同組合（以下、畜産組合）が、おもに県内からWCSのロールを購入（昨年は約1400個）。組合員は軽トラで畜産組合に来て、組合所有のチェーンブロック三脚を借りてロールを軽トラにのせ、牛舎や放牧地に運ぶ。その後三脚を組合に返す。自前のチェーンブロック三脚を持つ農家も増えている。

WCSを放牧地で食わせる「らくらくきゅうじくん」

大子町は山や傾斜地の多い中山間地。高齢化が進んで耕作放棄地は800ha近くまで増えている。畜産組合では、高齢農家でもラクして牛飼いが続けられるように、10年前から耕作放棄地を利用した放牧をすすめてきた。ここ数年は、研究機関や地域の普及センターなどと一緒に周年放牧にも挑戦している。

草がなくなる冬には牛舎に戻して舎飼いしていたが、外でやれるエサがあれば冬も放牧でき、もっとラクになる。目をつけたのがWCSだ。

ふつうパドックや放牧地では固定式の草架を使うが、高価なうえ重い。それに、ベールグラブがないと草架の高い架台にWCSのロールを入れる作業は難しい。

そこで中央農研で開発されたのが、「らくらくきゅうじくん」（以下、きゅうじくん）だ。ふつうの草架は四角い形だが、きゅうじくんは丸い形をしているのが特徴。タイヤのように転がしながら簡単に運ぶことができる。

使い方は、チェーンブロック三脚で放牧地に点々と

らくらくきゅうじくん

ステンレス製で軽くて丈夫（重量29kg）。固定式の草架と違い、牛が押すと柵が動いて力を逃がすので壊れにくい。下には木製の板がつけられていて、牛が飼料をムダに引っ張りだすのを防ぐ（価格は20万円。問い合わせは中央農研まで。TEL 029-838-8481）

ロールを置いておき、きゅうじくんをかぶせるだけ。機械はいらない。食べ終わるときゅうじくんを移動させて次のロールにかぶせる。草地1カ所にかかる牛の踏圧を分散できるので、土地の泥寧化も防げる。農家に好評で、きゅうじくんを使って冬も放牧を始める人が増えている。

飼料イネだけではタンパクが不足するので、放牧地の簡易飼槽でヘイキューブを1日1頭当たり1kg与える。気温がとくに低い1、2月は配合飼料0・5kgをプラスすれば、牛は雪のなかでも元気だ。

周年放牧で牛を増やした

牛飼い母ちゃんの大高泰子さんは、ご主人を3年前に亡くして一度は牛をやめようと思った。それを見た息子さんが「おれもやる」と手伝うようになり、少しでもラクになればとWCSを使った周年放牧を導入してくれた。おかげで年中2〜3頭は放牧地に出せるようになり、母牛を2頭も増頭できた。

「なんといってもボロ出しが本当にラクになったよなあ。それに放牧すると牛が大きくなるし、足腰が丈夫になってお産も軽い。今年は受胎もいいね」。がぜん牛飼いが楽しくなってきている泰子さんだ。

益子光洋さん。耕作放棄地3haで繁殖牛28頭を飼い、食用イネ1ha、飼料イネ2ha、デントコーン1haを栽培（飼料栽培で短期雇用1名）。林業も行なう

飼料イネづくりを分業化

飼料イネを大子でもどんどんつくっていこうと燃えている農家もいる。益子光洋さん、41歳。大子町では数少ない若手の畜産農家だ。ベテランの先輩たちが次々に牛とイネづくりをやめていくのを見て、このままでは大子で農業を続けていけないかもしれないと強い危機感をもってきた。

「大子は今でも1aや2aの田んぼは珍しくないんです。それも、水田より法面のほうが大きいような、コンバインも入らない田んぼです。法面で刈った草を牛にやりながら、一人一人がコツコツ耕作してきました。ここでは誰か一人が担い手となって一手に引き受けるというわけにはいかない。どうしたってたくさん

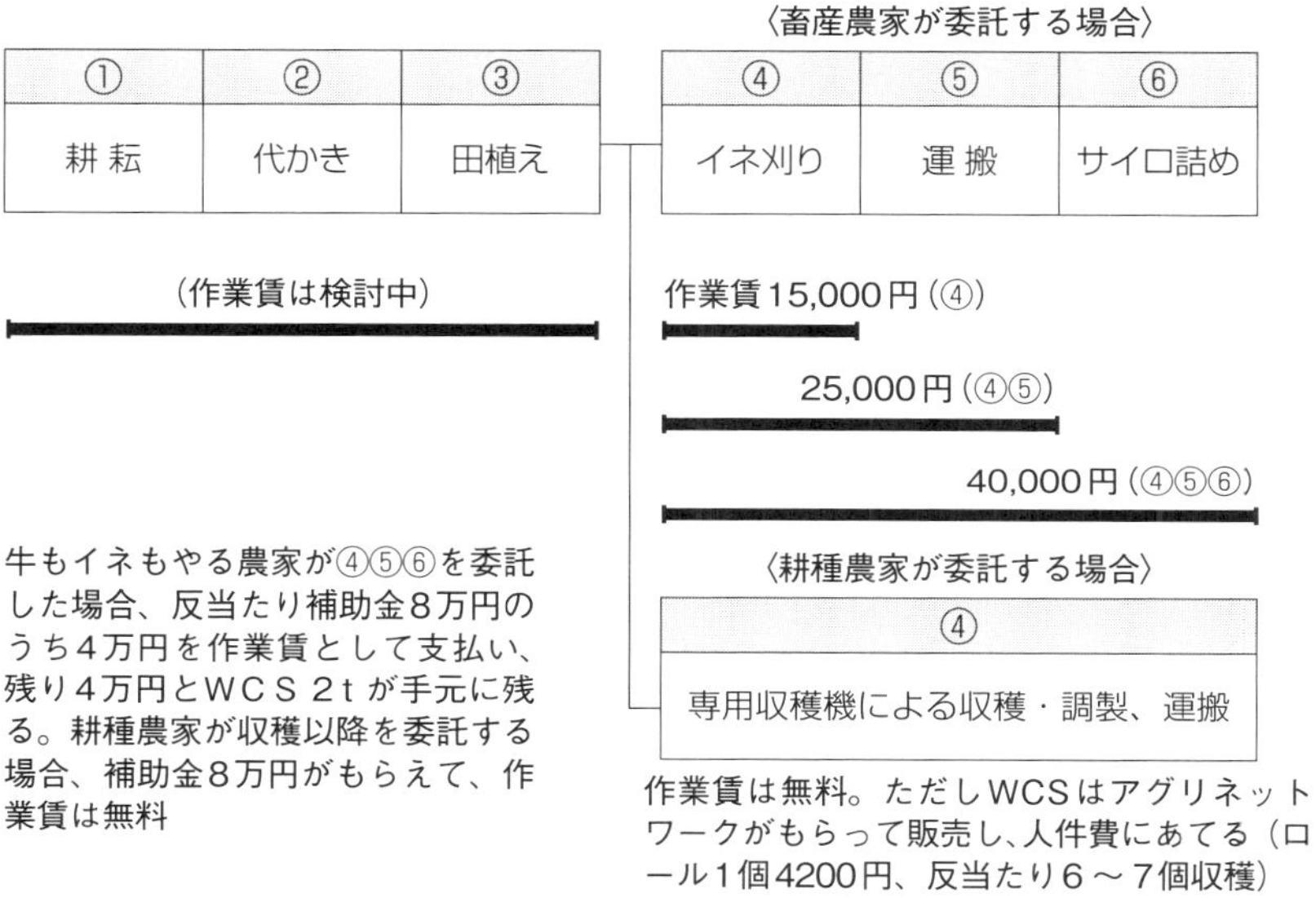
〈畜産農家が委託する場合〉
①
②
③
耕 耘
代かき
田植え
④
⑤
⑥
イネ刈り
運 搬
サイロ詰め
（作業賃は検討中）
作業賃15,000円（④）
25,000円（④⑤）
40,000円（④⑤⑥）
牛もイネもやる農家が④⑤⑥を委託した場合、反当たり補助金８万円のうち４万円を作業賃として支払い、残り４万円とＷＣＳ ２ｔ が手元に残る。耕種農家が収穫以降を委託する場合、補助金８万円がもらえて、作業賃は無料
〈耕種農家が委託する場合〉
④
専用収穫機による収穫・調製、運搬
作業賃は無料。ただしWCSはアグリネットワークがもらって販売し、人件費にあてる（ロール1個4200円、反当たり6～7個収穫）

大子町アグリネットワークのＷＣＳ生産分業体制のイメージ

の人の力が必要です」

今がんばっているベテラン農家に、無理のないやり方で5年でも3年でも長く続けてもらうにはどうしたらいいか。益子さんが仲間と一緒に考えたのが、水田で飼料イネの作付けを増やし、その栽培・収穫・調製を分業化する仕組みだ（上の図）。

大子では今も小さな水田ではバインダー収穫とハザ掛け乾燥が主流だ。脱穀・モミ摺りまで手間もコストもかかる。だが飼料イネなら収穫した地上部を細断・密封するだけ。食用米に比べればラクで低コストだし、収穫してすぐ運搬できるので獣害のリスクも減る。反当たり8万円の補助金をもらいながら良質粗飼料も手に入る。さらに、高齢できつくなった作業は委託できる体制も作る。

「牛飼いも、一人でやる時代じゃないと思うんです。委託が増えれば受託する人の雇用も生まれる。戸別所得補償制度（現・経営所得安定対策）の補助金8万円を分け合って、みんなで牛のエサをつくるというイメージです」

8万円があれば山間地でも農地が維持できる

益子さんはこの計画を実現させるため、２０１１年の秋に畜産農家の有志5人で「大子町アグリネットワーク」を設立。飼料イネの生産調製作業を委託したい人、受託できる人双方に会員になってもらい、両者をつなげる役割を担い始めた。昨年は飼料イネ専用収穫機も購入し、耕種農家が栽培する飼料イネの収穫・調製を受託するようにもなった。

地域の説明会では「補助金なくなったら続かねえじゃねえか」という声も出た。その場では益子さんも言葉に詰まってしまったが、今は自信をもって言える。

「それはその通りです。でも8万円があれば、こんな山間地でも農地を維持することができるんです。戸別所得補償はうちみたいな地域にこそ欠かせない制度です」

現在会員数は10名だが、説明会のたびに興味をもってくれる人が出て、今年は会員数はグンと伸びそう。今は任意組織だが、法人化も予定している。

小さい田んぼはバインダー&軽トラで

ところで、飼料イネの専用収穫機は大子に多い1a2aの田んぼには入れない。ここでまた大子流の工夫がある。

「飼料イネだってバインダーで収穫すればいいんですよ。刈り取って束にしてアゼに集めて、軽トラで牛舎まで運ぶ。それをカッター(イネ用ハーベスタ)で細かく刻みながら牛舎前の簡易サイロに詰めて密封するだけ。特別な機械はいりません」

アグリネットワークでは、このバインダー体系の作業受託も行なう予定だ。「バインダーは中古なら数万円で買えるから、非農家の方でも手伝える。これからは耕畜連携だけじゃなくて、耕畜民連携だと僕は思ってます。農業に興味のある人に声をかけて、どんどん仲間を広げていきたい」

「大子方式」を全国の山間地へ

放牧や安い道具を使ってお金をかけずに牛飼いを小力化し、飼料づくりも分業化して、高齢農家に少しでも長く続けてもらう。そして、みんなで牛を飼い飼料イネをつくることで、農地を守る。誰か一人が儲かるわけではないが、お金を少しずつ分け合うことで、より多くの人が農業に参加できる。こうした考え方、やり方を益子さんたちは「大子方式」と名付けた。

「『大子方式』を全国の山間地の和牛産地に参考にしてもらえば、これからもみんなで楽しく農業を続けていける道が拓けるんじゃないかと思います。お互いがんばりましょう!」

(『現代農業』2013年9月号掲載)

乾燥代減・コンタミなし、飼料米は立毛乾燥で

山形県遊佐町・池田源衛さん

㈱ヰセキ東北山形支社　斎藤博行

立毛乾燥したべこあおばの刈り取り
(平成21年10月15日)

飼料米を先に刈るのは大変だ

山形県遊佐《ゆざ》町では平成16年から本格的に、庄内みどり農協と㈱平田牧場との契約栽培で飼料用米に取り組んできました。

飼料用米「ふくひびき」の成熟期は、9月下旬。平成20年、飼料用米を栽培する池田源衛さんは9月20日に刈り取り、生産組合の仲間と運営する大型乾燥調製施設に搬入。その後に「ひとめぼれ」「はえぬき」「コシヒカリ」と順次収穫乾燥しました。

このときの飼料用米モミ水分は31%と高水分で、乾燥に長時間かかったうえに石油価格も高騰した年でしたので、生産コストを引き上げる結果となりました。

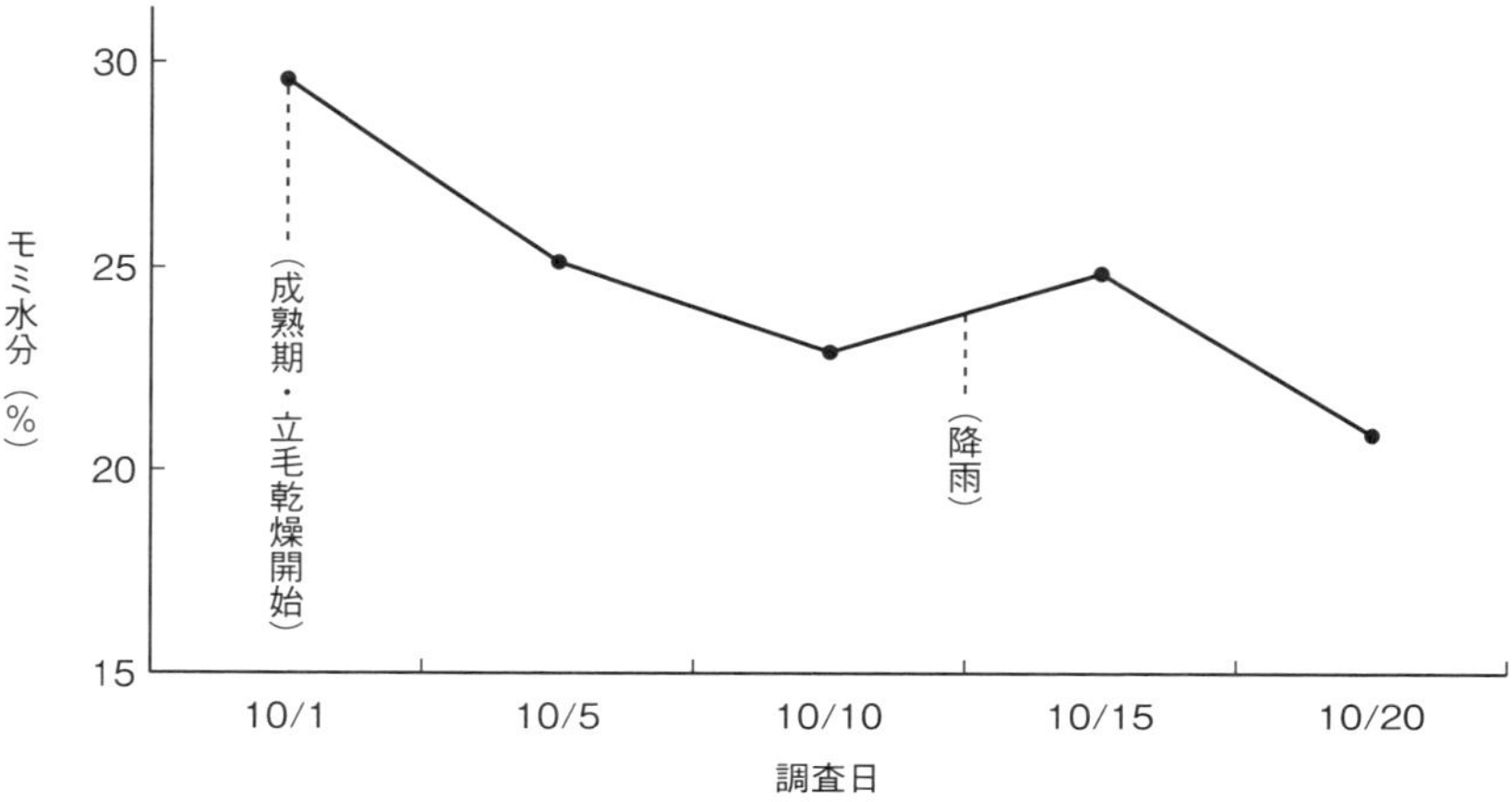

モミ水分の推移（べこあおば　平成21年）

多くの石油を使用したことは、消費者とともに地球環境にやさしい米づくりを目指している遊佐町にとっても、池田さん個人にとっても悔やまれることでした。

また一般米の刈り取り前に搬入したので、コンタミ（異品種混入）防止のために飼料用米の収穫が終わるとただちにコンバインと乾燥施設を利用者で徹底清掃する必要があり、非常に多忙になりました。飼料用米の搬入が最後であればコシヒカリの残モミがあったとしても飼料用米への影響はなく、このように収穫後のコンバインや乾燥機の清掃を急いで行なう必要はないのです。

水分10％減、乾燥代も1t1800円減った

同年、山形県農業総合研究センターがV溝直播栽培で強稈・大粒品種「べこあおば」の立毛乾燥を実施しました。その結果、11月4日にはモミ水分16～17％まで低下することが明らかになりました。べこあおばは千粒重が33gの大粒品種ですのでモミ乾燥に時間を要し、乾燥施設の利用効率は低くなります。しかし立毛乾燥をしてモミ水分を低下させてから乾燥施設に搬入すれば、乾燥時間が短縮され、利用効率も上がります。

疎植栽培（37株）のべこあおば（平成21年10月15日）。茎が太くて倒れず、下葉がまだまだ青いので、このあとも刈り取らずにおけば、さらに稔るはず

この結果を受けて翌年から池田さんもべこあおばを栽培して成熟期の10月1日から14日間立毛乾燥を行ない、10月15日にコンバイン収穫しました。

歩刈り調査を実施した10月1日のモミ水分は29％で、その後の水分推移は図の通りです。立毛乾燥10日目で6％ほど低下し、22・7％になりました。コンバイン収穫の前日に降雨があり24％まで戻りましたが、一部を20日まで残したところ20・8％まで低下しました。前年の31％に対して約10％モミ水分が低下し、1t当たり1800円ほど乾燥料金も抑えられたそうです。

収益性が高まっただけでなく、飼料用米の搬入が最後になってコンバインや乾燥施設の清掃を積雪期間にゆっくりと行なえました。さらに乾燥時間が短くて済むので施設の回転率も上がりました。

疎植であれば倒れにくい 遅刈りするほどよく稔る

また池田さんは、立毛乾燥と疎植栽培を組み合わせることで、飼料用米の低コスト生産を実現しています。

疎植栽培のイネは、最高分けつ期頃に開張し、株中心まで太陽光が注ぐので茎が硬く太くなり、挫折抵抗

東北の日本海側でも10月中旬まではおける

東北地方日本海側の積雪寒冷地では10月下旬になると日照時間が短くなり、秋冷で降雨やみぞれによって乾燥効率が悪くなります。コンバイン稼働時間・日数がかなり制限されるので、10月中旬が立毛乾燥の限界ではないかと判断されます。

飼料用米の品種は、立毛乾燥の安定性を考慮して成熟期が10月1日頃の晩生品種が望ましいでしょう。また直播栽培では、出穂期が遅れて成熟期も大幅に遅れることがありますので、早生で強稈性品種の栽培が安全でしょう。

力が高まります。さらに下葉枯れが少なく葉鞘による支持力も維持されるので、遅く刈っても倒伏には強いのです。

また疎植栽培では遅発分けつまで有効化して着粒するため、登熟がやや遅くなります。これらのモミ水分を十分に低下させて収穫するには、立毛乾燥のように刈り取りを遅らせることが有利になります。

一般米の刈り取り適期は、モミ水分、収量、品質、食味を考慮した期間ですが、飼料用米では刈り遅れによって着色粒、胴割れ粒が発生したとしても、粉砕給与なので特に問題ありません。クズ米も全量出荷できますから、クズ米の完全登熟と乾燥が進んだ段階で収穫したほうがいいのです。

(さいとう ひろゆき 『現代農業』2010年9月号掲載)

大規模稲作法人がイナワラ販売に本気、「米より儲かる耕畜連携」

岐阜県・農業生産法人・ギフ営農

編集部

コンバインでイネを刈った後、田んぼに残る細断された大量のイナワラ。これを牛のエサなどにする動きはあるのだが、それほど広がっていないのが現実だ。今回は、そんなイナワラを本気で売れば「経営のひとつの柱になる」という大規模稲作法人を岐阜県に訪ねた。

ワラほど儲かるものはない

標高約800mの山の麓に広がる水田地帯に、農業生産法人・ギフ営農（代表者の希望により仮名とした）のフィールドはある。従業員は約20人、経営面積は約350ha。代表取締役の大内さん（仮名、65歳）が、狭い農道を車で走りながら地域内を案内してくれた。

1枚1枚の田んぼはそれほど大きくないが、収穫期を迎えて黄金色に輝いている田んぼが辺り一面に広がっている。ところどころに収穫を終えたばかりの田んぼもあり、「今朝も作ってた」という乾燥ワラのロールが転がっていた。

「普通の人はワラを捨ててしまうんよ。僕はそれを昔からずっと取ってきた。要は副産物や。堆肥にしようが、あるいは邪魔だからって燃やそうが、ロータリで叩こうが、好きなように使えばいいんやけど、これは飼料にすれば一番お金になる。うまくやれば1日で100万円。だから燃やしてるところなんかを見ると、あーもったいないなって思うわけ。元手もかからんでしょ。そういう意味では、ワラほど儲かるもんはないと

ジャイロレーキでイナワラを反転して乾かしているところ。3～4回反転させてワラを乾かせば、良質のロールができる。ちなみにこの田んぼは面積が大きくて、一筆3反ほど

思ってる」

2000筆以上の田んぼを守る担い手法人

ギフ営農は、いわゆる地域の田んぼを守る担い手法人だ。「もう歳だからつくれない」「人手がないから頼む」という人の田んぼを預かるうちに面積が増え、経営面積が現在の約350haになった。内訳は、主食用米が約130ha、大豆が約100ha（転作の作業受託）、飼料米・WCSが70ha、加工用米が15ha、それにダイコンやキャベツなどの露地野菜が50haといった具合。

かなり規模は大きいが、基盤整備が進んでいないので、1枚1枚の田んぼの面積は平均で1反3畝ほどと小さい。利用権設定をしている約250haの田んぼには地権者が300人以上いて、筆数にすれば2000筆を超える。これだけの田んぼを荒らさないように、イネの作付けはもちろん、畦畔除草、空き缶などのゴミ拾い、水路の整備（3年に1度の泥上げ）といったところまで、約20人の従業員で一手に引き受けている。

「正直、今の面積をこなすだけで精一杯やけど、まだまだ増えるやろうな…」

大内さんには、地域の人のおかげで農業をやってい

るという想いがあるので、従業員にも地域の人との関わりを大事にするように指導してきた。たとえば、狭い農道で車がすれ違うときは、こちらは待つか迂回するかして、地域の人を必ず優先させるように徹底してきた。こういった心配りや作業をしっかりこなす姿が信頼され、田んぼを預けたいという人が後を絶たなくなったのだ。

しかし、面積が増えたからといっても米価は下がるばかり。米だけでは通年雇用する約20人の従業員に安定した暮らしをしてもらうための給料が払えない。仕事ができるベテランなら年収600万円くらいを実現するのが、大内さんの雇用型経営を始める際の一つの信念でもあった。水田地帯の土地利用型農業で、米以外にどこに着目すればいいのか…。力を入れることになったのが、露地野菜とイナワラ販売というわけだ。今はそのおかげで信念としていたくらいの給料も払うことができている。水田地帯の土地利用型農業での、この水準は驚くべきことだ。

ワラは昔からよく売れた

じつは大内さん、ワラが売れることは昔から知っていた。21歳で農業を始めて44年になるが、就農当初からワラを売っていたからだ。

この辺りでは、コンバインが普及する前はバインダーで刈ったワラ束を小さな山にして、田んぼに積んでいた。春になると田んぼの準備でそれを片付けないといけないが、そこで大人が両手でひと抱えできるくらいのワラ束1足（バインダー束で20束分くらい）が、50円くらいで売りに出された。

大内さんは、ゆくゆく機械を入れるために建てた倉庫に、そのワラを1万足くらい買ったことがある。そうして夏になると、まとまったワラを入手できる場所があるという噂が広まって、いろいろな人がこぞって買いに来た。畳屋さんに始まり、土壁業者、馬の敷きワラに使いたいという競馬場関係の人、瀬戸物の間に挟む緩衝剤に使いたいという焼き物工場の人、畜産関係の人などさまざまだ。

大きなトラックに積めるだけのワラを積み、1足250円で買う業者もあった。1軒1軒回って集める手間を考えれば安いからだ。つまり、50円のワラが250円で売れたのだ。そんな経験をした大内さんにとっては、ワラは昔から貴重品だった。

コンバインが普及して細断されたワラが田んぼに散らかるようになっても、大内さんは近所の農家からワ

飼料米用イネでワラも取った場合の収入（10a当たり）

イナワラ販売金額	1万6200円 （36円／kg×収量450kg）
飼料米販売金額（モミ）	1万1250円 （25円／kg×収量450kg）
新規需要米の助成金*	8万円
耕畜連携水田活用の助成金	1万3000円
合　計	12万450円

・ギフ営農では飼料米も作り、モミを鶏のエサに、ワラを牛のエサ（ロール）にして販売。主食用米の収入は、地域平均で10a当たり9万4000円くらいなので、すべてを売ると飼料米のほうが高くなる
・イナワラ販売金額は、主食用米の田んぼに残るワラをロールにした時と同額
*「新規需要米」の助成金は平成26年度より飼料用米、米粉用米の助成金として、収量に応じ、5万5000～10万5000円となる

ラを集めた。そうして現在は、自身の法人で管理する田んぼでワラを集め、もっぱらエサ用のロール作りに専念している。

米より儲かる耕畜連携

1反で取れるロールの数は品種によっても若干違うが、1個80kgのロールが平均で7~8個。コシヒカリやハツシモは7個くらいで、多収できるF_1品種のミツヒカリでは8個くらい。イネ刈りが終わって天気がいい時に、ワラを反転させる機械（ジャイロレーキ）で乾かして、ロールベーラーで一気にロールにする。

ギフ営農で年間作るロールは５０００~６０００個。値段は一つ３１５０円なので、５０００個の場合は１５７５万円ほどの収入になる。経営的にも一つの柱になる金額だ。

大内さんによると、ロールベーラー1台で1日に最大３００個のロールが作れるという。

「一つ３０００円ちょっとで３００個だから、大雑把に計算すれば1日で１００万円弱やろう。それに比べて米は今年も安い。1俵1万円くらい。だから１００俵の米の値段がワラだと1日でとれることになる。米はタネ播いて、植えて、その後も何十回と田んぼに通わなきゃいけんけど、そのカスで１００万円。だから僕は『米より儲かる耕畜連携』って言ってるわけ。もちろん米をつくらないとワラは取れんけど、捨ててしまうのはもったいないやろう」

ワラ取りをうまくやるポイント

▼まずは人手の確保ができるかどうか

ワラ取りをうまくやるには、それなりの人手やノウ

ハウが必要になる。どうしても必要なのが人手の確保だ。田んぼに散らかっているワラは雨に当たると極端に品質が落ちるので、晴れているうちに乾かして、一気に集めてロールを作らないといけない。

ギフ営農で1日に300個のロールを作る時に必要な人数は8人だ。ジャイロレーキで乾燥したワラを集めるのに1人、ロールベーラーでロールを作るのに1人、田んぼでできたロールを倉庫まで運ぶのに5人。倉庫でロールを積むのに1人。

じつはロールを運ぶ作業に一番手間がかかる。ギフ営農が取り組んできた中でもっとも効率がいい体制というのは、4WDの1tトラック5台を田んぼに入れて、それぞれがロールを積んでいくというやり方だ。ロールの重さはひとつ80kgほどなので、荷台にハシゴを掛けて転がせば、1人でも5~6個を積むことができる。

このような人手の確保は小さな家族経営の農家では難しいかもしれないが、ギフ営農のような担い手法人や集落営農組織ならできそうだ。

▼一番大事なのは頭の切り替え

ただ、集落営農などで取り組む時は、作業の段取りを決めるリーダーが頭を切り替えられるかどうかが一番の問題になるという。ふつうは秋になると、イネ刈りのことで頭がいっぱいになる。しかしそれでは絶対にうまくいかないのだそうだ。

イネ刈りは1週間くらい待っても米の品質はあまり問題にならないが、ワラの品質は激しく天候に左右されるので、待つことができない。というのも、ここの田んぼは粘土がきつくて排水が悪い。一度雨が降って地面が湿ると、ワラはなかなか乾かないうえに、ロールを集めるトラックも2週間近くは入れなくなる。作業が遅れ、気付いた時には何も取れないということがよくあるからだ。

だから、「今日は絶好のイネ刈り日和」と思う日に、いかにワラに力を注げるか。その判断さえできれば、誰でもワラ取りはできるという。

▼冬になっても取る工夫

とはいっても、天候は表があれば必ず裏がある。秋に長雨が続けば、どうしたってロールを作れなくなることもある。だが、ワラ取りを経営に取り入れると決めたら、「今年は取れません」では商売は成立しない。大内さんには何度も失敗を繰り返す中で見えてきたあ

乾燥ワラのロールを一時保管しておく倉庫

る秘策があるそうだ。

秋の長雨の合間の晴れの日に、とりあえずはジャイロレーキでワラを筋状に幅1mくらい、高さ40㎝くらいに盛って集めておく。すると、イネの切り株からひこばえが伸びてきて、ワラの塊を持ち上げてくれるのだ。地面にワラが付いていてさえいなければ、雨が降っても極端に品質が落ちることはない。だからその状態で置いておけば、年が明けた2月や3月になっても、天気のいい日が続けばワラを取ることができる。まさに自然力を活かした知恵である。

▼機械は心配しなくていいが、保管場所は必要

ワラを取るための機械はそれほど心配しなくてもいいらしい。ロールを作るために最低限必要な機械は、ロールベーラーとジャイロレーキの2つだけ。ギフ営農で使っているロールベーラーは1台250万円ほどで、ジャイロレーキは40万円ほど。コンバインなどに比べるとそれほど高額ではないし、とても丈夫で壊れにくい。

どうしても必要なのは屋根付きのワラ保管場所。ギフ営農では、地域の鉄鋼所が持っていた1400㎡の倉庫を譲り受けたので、今はそこで2000個くらい

のロールを保管できる。作ったロールをすぐに取りに来てくれるお客さんだけならいいのだが、ある程度の数を作る場合は、やはり屋根付きの保管場所が必要になる。

▼売り先はいくらでもある

最後は売り先だ。ギフ営農では現在、大きく分けて3つの売り先がある。近くの畜産農家（和牛農家と酪農家が数軒）、農協、それにエサ業者。畜産農家やエサ業者の中には、1000個単位でロールを買ってくれるところもあり、しかも倉庫を持っているので、こちらでストックせずに運び込める。そういう売り先を見つけるとやりやすくなるそうだ。

もし初めて売る場合で何も伝手《つて》がない時は、とりあえずは近所の畜産農家や農協、県の畜産課などに相談すればいいそうだ。飼料高騰のこの時代、求めているところはいくらでもあるからだ。

◇

捨ててしまうワラを家畜のエサにする。それが稲作農家の安定経営につながるだけでなく、畜産農家にとっても大きな支えになる。地域営農を守っていく手段は意外に身近なところにありそうだ。

（『現代農業』2013年12月号掲載）

エサ代400万円節約！

自家用破砕機で、地元の飼料米をジャンジャン使う

岐阜県大垣市・臼井節雄さん

編集部

トウモロコシを飼料米に替えて年間400万円節約

「これはね、地域を豊かにする機械やと思ってます」

緑色のコンパクトな機械を見上げながら臼井節雄さんは誇らしげに言った。じつはこれ、ライスカウンターという飼料米を破砕する機械。酪農家の臼井さんが自分で開発したもの。

臼井さんはライスカウンターで破砕した飼料米を、搾乳牛1頭につき1日5～6kg食べさせる。2012年の秋からは、TMR（混合飼料）に使っていたトウモロコシを全量飼料米に置き換えた。飼料米は地域の営農組合や稲作農家との直接契約で安く入手。折しも

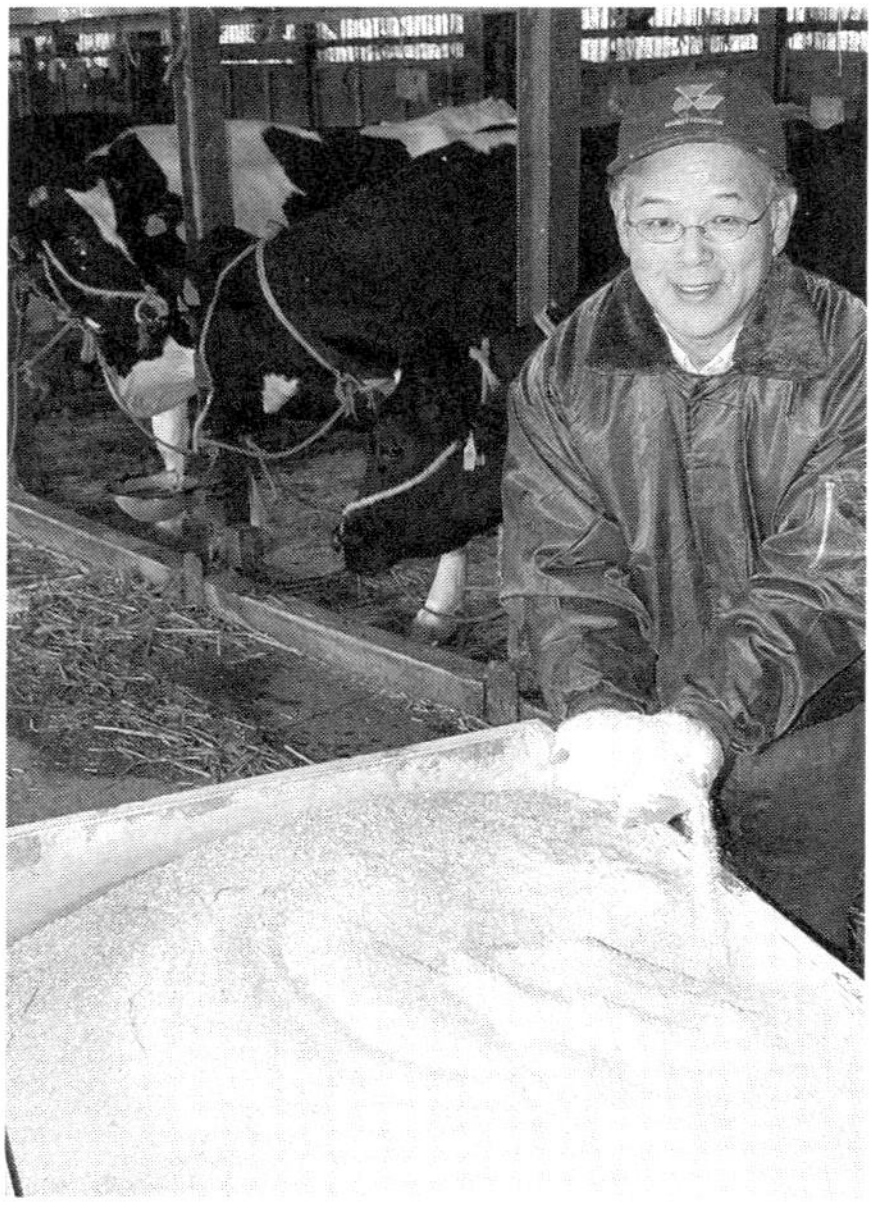

臼井さん自作の機械「ライスカウンター」で粉砕した飼料米

トウモロコシが高騰しているご時世、エサ代は年間400万円近くも節約できそうだという。

俺が機械を作ってやる！

臼井さんはちょっと変わった酪農家だ。成牛57頭と育成牛を飼い、河川敷での牧草生産やイネWCSの利用で粗飼料をほぼ自給する忙しい毎日の傍ら、絵を描いて販売するセミプロの画家であり、書家でもあり、蔵を自分で設計して建てたりもする。「作るのが好きなの。何もないところから」

3年前、県内で試作された飼料米をフレコンバッグで10袋入手した。そこで酪農家仲間とソフトグレインサイレージ（モミを破砕した後、加水・密封して乳酸発酵させた飼料）作りに挑戦。市販の飼料米破砕機を使ったが、機械が途中で詰まったり、加水して容積が倍になった重いバッグを運ぶのに手間取り、6人がかりで3日間頑張っても6袋しかできなかった。「これじゃ手間がかかりすぎて割に合わないよ」と、仲間は愛想を尽かして手伝いにこなくなった。

残った4袋のフレコン、募るイライラ……。しかしそこで臼井さんのものづくり魂に火がついた。「一人でもラクに使える破砕機を作ってやる！」

フレコンを専用のパレットに載せて、フォークリフトで上に載せる

一人で作業できるから酪農家1戸で120t使える

臼井さんは、①途中で詰まらない③作業や設置の場所を取らない③全工程を一人でラクに行なえることなどを目標にプランを練った。

まずは、刈り遅れて硬くなった牧草を破砕する「チョッパー」という機械に注目。回転するフリーハンマーでたたき切るように破砕・切断するので、草が絡まったり詰まったりしない。この構造なら、すりつぶしたり押しつぶしたりする仕組みの従来の飼料米破砕機

ライスカウンターはこんな仕組み

処理能力の目安は、
モミで300 ～ 600kg／時間

ホッパー後部
フレコンの底のヒモを解くための窓があって便利

操作盤
スピードコントローラーで回転軸のスピードを上げると粒が細かくなるが、処理速度が落ちる。スピードを下げると粒が粗くなる分、処理速度が上がる。また、食用品種は硬いので処理速度が遅く、飼料用品種は柔らかいので速い

破砕部
外箱・フィルターを外したところ。軸の回転によってフリーハンマーが回転し、遠心力でモミを叩き割る。下面の固定刃に負荷がかかる構造なので、150時間ごとに固定刃のみ交換

キャスター付コンテナ
破砕した米を受けて牛舎へ運ぶ

桁下3m以上あれば設置できる。価格は209万円。成牛60頭規模の酪農家なら、トウモロコシか配合飼料を1日1頭当たり2kg飼料米に置き換えれば1年で元がとれる。タイマーなしタイプは145万円。問い合わせは臼井さんまで（TEL 0584-89-5528）

に比べて、詰まりにくいと考えた。

試作機では、長時間運転して全然詰まらせずに細かく破砕できた。ただ、従来品より処理時間が長い。そこでタイマーを設置。一定時間動くと自動的に止まる仕組みにした。その間他の仕事ができる。

さらに、破砕機械を鉄のフレームで囲み、フレコンをどの方向からでもフォークリフトで機械の上に置けるようにするなど、狭い場所でも一人で作業できるよう、とことん改良を重ねた。

製造を委託するメーカーも見つかり、商品化に成功。特許も申請した。

２０１２年は飼料米を自分で２ha作付けし、地元の営農組合と10ha、個人農家8軒と10ha契約。合計22ha分、約１２０ｔを確保した。これだけ大量の飼料米を１戸の農家で引き受けられるのも、一人で手間なく破砕できるライスカウンターがあればこそ。

センイを減らしてカロリー・タンパクを増やす

飼料米はセミＴＭＲ（センイ分の少ない材料を自家配合した飼料。粗飼料は別に与える）に入れて乳牛に与える。はじめはソフトグレインサイレージにするつもりだったが、破砕した状態で十分牛が消化できることがわかり、そのまま給与している。

臼井牧場の飼料設計（単位はkg）

—飼料米導入前— → —2012年—

【セミTMR（全頭に平均的に給与）】

材料	投入量（導入前）	投入量（2012年）	1頭平均
豆腐粕	350	350	6.1
ヘイキューブ	60	**90**	1.6
ビートパルプ	60	60	1.1
加熱大豆	10	**20**	0.4
圧ぺんトウモロコシ	260	**飼料米 300**	5.3
発酵飼料	40	40	0.7
スーダン乾草	130	**100**	1.8

【個別給与】

材料	投入量（導入前）	投入量（2012年）	1頭平均
イネWCS＊1	900	900	15.6
スーダン乾草	50	50	0.9
配合飼料＊2	120	120	2.1

＊1：季節によっては河川敷牧草サイレージのときもあり
＊2：泌乳量に応じて個別に増減
成牛57頭、年間平均乳量7000kg。1日当たりの量。飼料中の飼料米の割合は24％（乾物計算）。濃厚飼料中の割合は43％

トウモロコシとモミ米の栄養の比較

	トウモロコシ	モミ米
TDN	93.6	77.7
粗タンパク	8.8	7.5
粗脂肪	4.4	2.5
粗センイ	2.0	10.0

数字は乾物当たり％
日本標準飼料成分表2009より

２０１２年はＴＭＲ中の圧ぺんトウモロコシを全量飼料米に置き換えた（前ページの表）。玄米とトウモロコシの成分を比べると、ＴＤＮ（可消化養分総量、カロリーの目安）とタンパクの割合はほぼ同じ。でもモミ米はモミガラがある分センイが多く他の栄養価が低い。

そこで臼井さんは、飼料米をトウモロコシの一割増しにして、加熱大豆とヘイキューブを増やしてタンパクを補った。その分センイ分のスーダン乾草を減らす。乳量は変わらず、牛の嗜好性もよく順調だ。

音は意外と静かで、作動中の機械の前でも会話できる

破砕した飼料米。粉状から3㎜程度の粒まである。フィルタを替えれば粒の大きさも調節可能。モミガラも細かく粉砕されるので、糞中に未消化の米やモミガラは見えないという

直接取引で飼料米は安いエサになる

飼料米の流通は、農協が集荷して乾燥・保管し、飼料会社へ運ばれ破砕・圧ぺんなどの加工を行ない、配合飼料に混ぜて畜産農家に販売されることが多い。飼料米は広域に移動し、乾燥調製費、保管料、手数料、流通経費が上乗せされ、飼料米入り配合飼料はトウモロコシよりも割高になってしまう。畜産農家は生産物

をブランド化して付加価値をつけないと採算がとれない。

だが、飼料米を自家加工する機械があれば、地元の畜産農家と稲作農家が直接契約できる。飼料米のムダな広域移動がなく、中間業者の手数料もないので、飼料米は安いエサになるのだ。

たとえば最近のトウモロコシの小売価格は1kg当たり約50円、対して臼井さんの2012年の飼料米の購入価格はモミ1kg当たり2円。2012年秋からは全量置き換えたので、年間約380万円ものコスト減になる。

臼井さんはムダな経費を抑えるため、イネを立毛乾燥してもらい、機械乾燥を省く。飼料米の収穫を食用米の適期より2週間程度遅らせれば、モミの水分を17%くらいに落とせるので、モミのままなら長期間保存できる。

地域の農家と助け合って飼料を自給する時代

稲作農家にとって、モミ1kg当たり2円はフレコン代程度にしかならない。だが、地元の営農組合は喜んで契約。耕作放棄地を開墾してつくりたいという申し出もあるほど好評だ。

というのも、臼井さんの住む地域は湿田が多くて、転作作物がうまくできない。これまで減反分は不作付にしている人が多かった。飼料米なら、稲作の作業をちょっと増やすだけで8万円の助成金がもらえる。飛騨牛農家にワラを売れば耕畜連携助成の1万3000円、ワラの売上が約1万8000円プラス。収入ゼロだった田んぼから、手間や経費をそれほどかけず反当たり11万1000円が生まれるのだ。昨年末に政権が変わったが、せっかく始まった耕種農家と畜産農家の連携を軌道にのせるためにも、助成金は今のまま続けてほしいと臼井さんは願う。

「飼料米を始めて、同じ地域にいながら面識がなかった稲作農家と初めて交流しました。自分がいるから稲作農家も元気が出るんだと気付いたし、僕も稲作農家のおかげで経営が助かった。

今まで酪農家は、安い輸入飼料のおかげで単独でもやってこれた。でも、これからは地域と助け合って飼料を自給しないと生き残れない時代だと思います。ライスカウンターには、日本の畜産のあり方に風穴を開ける機械になってほしいですね」

（『現代農業』2013年3月号掲載）

ここまでわかった

飼料米のいいところ、使い方

全国で作付けが急増している飼料米。トウモロコシの代わりに使えるだけではなく、飼料米ならではの長所も各地の研究で明らかになっている。

トウモロコシとどう違う？

〈トウモロコシ〉

粗タンパク …… 8.8
粗脂肪 ……… 4.4
粗センイ ……… 2.0
TDN ……… 93.6

一価不飽和脂肪酸…24.8
多価不飽和脂肪酸…51.9
（乾物当たり％）

〈玄米〉

粗タンパク …… 8.8
粗脂肪 ……… 3.2
粗センイ ……… 0.8
TDN ……… 94.9

一価不飽和脂肪酸…35.1
多価不飽和脂肪酸…38.3
（乾物当たり％）

米を食べた
鶏の卵の黄身は薄い色になる（米にカロテンが少ないため）

● 脂肪が少なく、エネルギーが多い

山形県畜産試験場では、脂肪分が少なくデンプン質が多い飼料を肥育牛に与えると、サシの脂肪酸の不飽和度が高まることを発見。その条件を満たす飼料米に注目し、効果的な給与法を研究している

● 一価不飽和脂肪酸が多い

飼料米は、肉の舌触りや風味をよくする一価不飽和脂肪酸のオレイン酸がトウモロコシより多い

〈モミ米〉

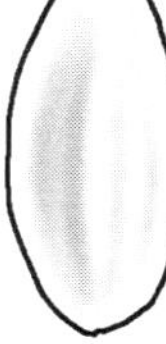

粗タンパク …… 7.5
粗脂肪 ……… 2.5
粗センイ …… 10.0
TDN ……… 77.7
（乾物当たり％）

● アミノ酸のリジンが多い

トウモロコシ…150 mg/100g
玄米…………290 mg/100g

動物の成長に欠かせないリジンが不足すると、他のアミノ酸の吸収率も落ちてタンパクの利用率が悪くなる。玄米はトウモロコシよりリジンが多く、タンパク利用率がよいと考えられている

そのまま食わせてもいい?

● 鶏はモミ米のまま与えてOK

筋胃ですりつぶすから
バッチリ消化するわ

● 豚と牛はそのままだと消化がよくない

ウンコに出てきちゃうの……

乾乳牛はモミ米の30%、玄米の25%を、未消化のまま排泄

飼料米の加工方法いろいろ

〈粉砕〉

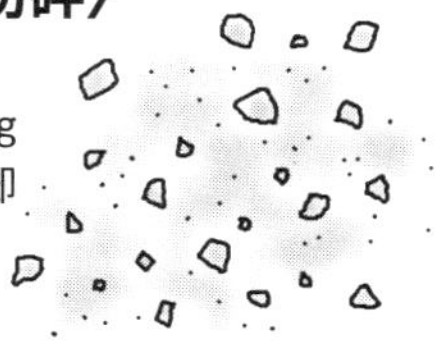

- **加工費用**…1.67円/kg（専用粉砕機の償却費、電気代）

2〜5㎜のごく細かい粒に粉砕。加工に時間はかかるが、圧ぺん処理並みに消化率が高い。玄米、モミ米どちらも加工できる

※小規模なら家庭用のガーデンシュレッダーに2〜3回かけてもいい

〈挽き割り〉

玄米を粗く砕いたもの。専用機械は処理速度が速くて一度に大量に加工できる

〈ソフトグレインサイレージ〉

- **加工費用**…9.3円/kg（乳酸菌、糖蜜、ビニール代）

収穫したモミ米に傷をつけて加水し、密封して乳酸発酵させサイレージにする。嗜好性がよく、新たな機械を買わなくても加工できるのが魅力

〈圧ぺん〉

- **加工費用**…10円/kg（運賃含まず）

モミ米を平らに押しつぶす。蒸して圧ぺん処理したものはデンプンがアルファ化されているので消化率が高い

畜産草地研究所の研究によると、牛の第一胃内の分解率は蒸気圧ぺん、2mm粉砕処理米、挽き割り米、無処理米の順に高かった

家畜に給与するとどうなる?

肉がおいしくなる

●**肥育の仕上げ期に1日1kg給与——牛肉のオレイン酸がアップ**

(福岡県田川普及指導センター)

褐毛和種の肥育牛1頭に仕上げの8カ月間、粉砕玄米を1日1kg給与(配合飼料と置き換え)。枝肉のオレイン酸は56.7%で対照区(市販の褐毛和種の肉)に比べて約7%も高かった。

●**肥育全期に20%配合——肉質良好! ブランド牛もできた**

(島根県・JAいずも)

黒毛和種の肥育全期間の濃厚飼料に、モミごと粉砕した飼料米を20%以上配合して育てた黒毛和牛を「まい米《まい》牛」としてブランド化。通常の配合飼料の肥育より増体が早く、肉質も上々。

飼料米を与えた和牛の枝肉成績
(島根県畜産技術センター)

審査項目	試験牛	全国平均
BMS(脂肪交雑)	6.0	5.7
枝肉重量(kg)	504.7	472.9
ロース芯面積(㎠)	60.5	55.8
バラの厚さ(cm)	8.4	7.7
歩留まり基準値	74.2	73.8

20カ月の肥育期間中、飼料米を20%以上給与した牛は、枝肉成績が全国平均より高かった。
この結果をもとにブランド牛の飼育方針を作成

増体がよくなる

●**離乳子豚のエサに50%配合——子豚の下痢が減った!**

(新潟県畜産研究センター)

離乳直後の子豚に、粉砕玄米を50%配合した飼料を与えたところ、トウモロコシ入り配合飼料区よりも下痢が減って増体がよくなった。米の消化率が高いためと推測されている。

離乳子豚の下痢発生率と増体量

飼料	下痢発生率(%)	1日増体量(g/日)
トウモロコシ区	27.8	349
飼料米区	16.8	365

飼料中にトウモロコシ、飼料米をそれぞれ50%配合して飼育した

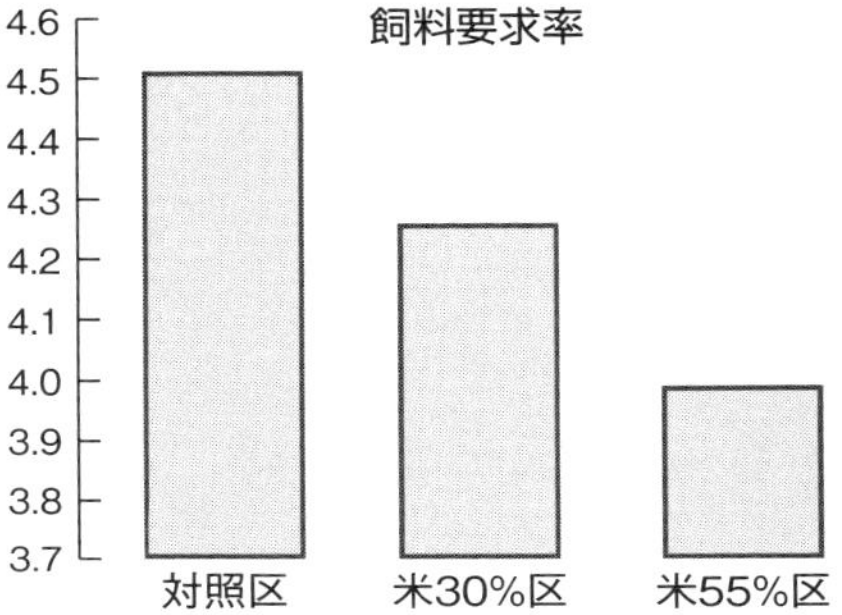

※数字は体重を一定量増やすのに何倍の飼料（消化重量）が必要かを示した指数

●豚の肥育後期に55%配合
——エサの量が少なくても大きくなる

（岩手県農業研究センター畜産研究所）

肥育後期の豚の飼料に、トウモロコシ、マイロの代わりに粉砕玄米を55%配合。通常の配合飼料区と比べて増体量に変わらなかったが、飼料米給与区のほうがエサの摂取量が少なかった。飼料中の成分をより効率よく吸収できたためと考えられている。

● エサ代が安くなる

●農協のカントリーでソフトグレインサイレージを調製

（山形県・JA真室川）

カントリーエレベーターにもともとあったプレスパンダーなどで低コストに加工。畜産農家への販売価格を1kg当たり23円と抑えた。TDN1kg当たりの価格は43円で、配合飼料価格の約半額。

搾乳牛の濃厚飼料の25%まで配合できる
子牛のスターターの食いつきアップ

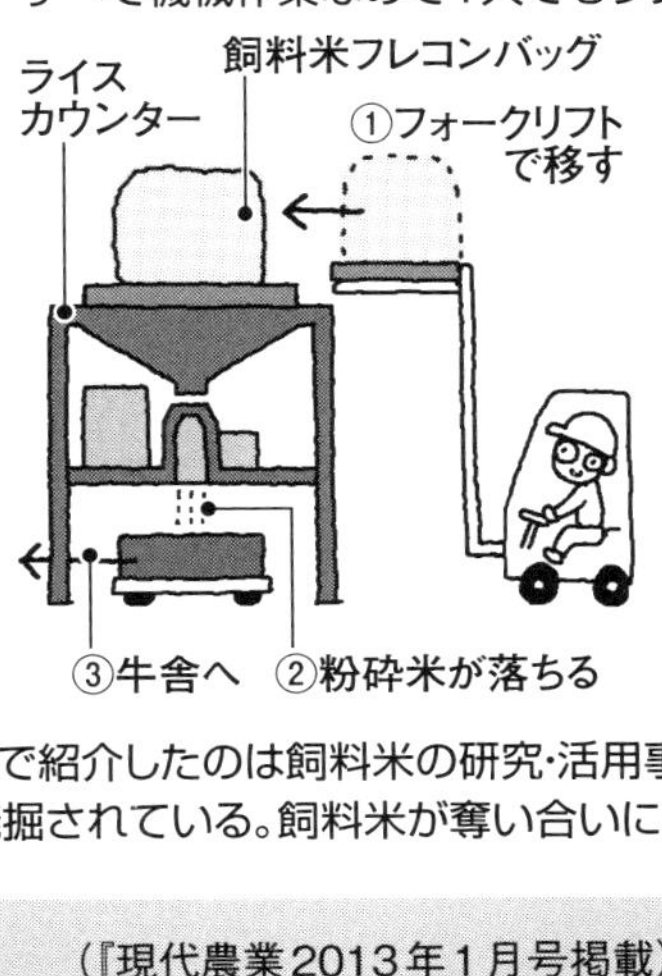
すべて機械作業なので1人でもラク

●自宅加工で年間約400万円のコスト減

（岐阜県大垣市・臼井節雄さん）

酪農家の臼井さんは、飼料米破砕機を自ら開発*。地元の営農組合などから1kg18円で乾燥モミ米を購入し、粉砕して搾乳牛のTMRに1日1頭当たり6kg配合。トウモロコシを1日5kg減らせて年間で約400万円飼料代を削減できた。

*現在「ライスカウンター」という名前で商品化され販売中（定価209万円）。

ここで紹介したのは飼料米の研究・活用事例のほんの一部。活発な研究で新たな魅力が次々に発掘されている。飼料米が奪い合いになる日も近い？

 （『現代農業2013年1月号掲載）

PART 3

新たな産地と仕事づくり

▼野菜編

「管理委託＋プレミアム」方式で技術力を切磋琢磨

長野県飯島町・㈱田切農産

編集部

集落営農で野菜を導入するのは難しい!?

米・麦・大豆が主体の集落営農に、収益を上げるため野菜を導入する動きが活発になっている。しかし「なかなかうまくいかない。儲かるどころか赤字になってしまう」という話も聞く。大きな要因は人件費の考え方にありそうだ。米・麦・大豆は機械を使って効率よく作業をこなせるが、野菜はそうはいかない。とくに収穫調製作業に膨大な時間がかかるし、生育状況に合わせた細かい管理作業も多い。そんな作業一つひとつに時給800円程度の労賃を支払うと採算が合わなくなってしまうのだ。

長野県飯島町にある集落営農組織㈱田切《たぎり》農産も、かつては同じ悩みを抱えていた。米・大豆依存の経営から脱却するために、白ネギを導入したのだが、労賃を時給で支払った途端に経営的に立ち行かなくなるという危機に遭遇した。しかし、ある方式に変えてからは収益がしっかり出るようになり、作業者一人ひとりのやる気もグングン伸びている。

2階建て方式の集落営農

中央アルプスと南アルプスに囲まれた谷あいの、いわゆる中山間地に飯島町田切《たぎり》地区はある。263戸、農地面積は280haほど。昭和61年、棚田のような狭い田んぼを区画整理したのをきっかけに、機械の共同利用が目的の田切地区営農組合が設立された。それか

田切農産のネギのメンバー

ら約15年、高齢化が問題になってきた。全戸アンケートをしたところ、「あと10年したら農業をやめる」という人が3分の1を超えた。将来の担い手をどうするか。地域全体で話し合った結果、担い手法人を作ることが必要という結論になり、平成17年に㈲田切農産が誕生した（平成22年には全戸が株主となる株式会社に移行）。

田切農産は、いわゆる2階建て方式の集落営農だ。田切地区営農組合は今も1階部分として存在し、全戸参加型の任意組合として、農地の利用調整や作業受託のとりまとめなどを行なっている。いわば地域の営農にかかわる頭脳部分。そして2階部分の㈱田切農産が、その手足部分となって、主に農作物の栽培から販売までを行なっている。経営内容は、イネ55ha、ダイズ20ha、ソバ10ha、白ネギ4ha、トウガラシなどの野菜1ha。そのほか、集落内に作った直売所「キッチンガーデンたぎり」の運営や加工品づくりなども手掛けている。

同じ面積で白ネギは米の4倍の人件費

田切農産で白ネギを導入したのは7年前のことになる。

「白ネギは毎日収穫しなくてもいいし、需要もあるから集落営農でやるにはいいと思ったんです」と代表取締役社長である紫《し》芝《しば》勉さん（51歳）。最初につくった30aは、従業員3人と臨時雇用の4人で懸命にやったお

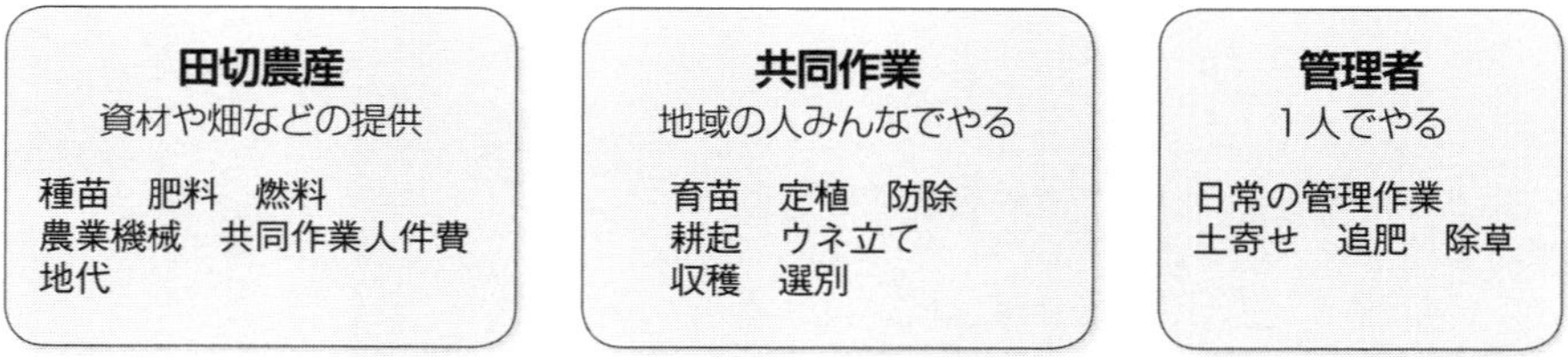

図1　ネギ栽培のそれぞれの役割

かげで、秋の収穫時には立派なネギができた。収量も悪くなかった。ところが1年の収支決算をしてみてビックリ。それまでは経費全体の3分の1程度に収まっていた人件費が、急に半分を占めるまでに膨れ上がってしまったのだ。ネギのせいだ。「米と比較したら、ネギは同じ面積で4倍くらい人件費がかかっていたんです」。イネもネギも時給は同じく1000円なのだが、何せかかる時間がまるで違う。これでは一生懸命やってもまったく割に合わない。同じように続ければ経営的に立ち行かなくなる。

圃場ごとに管理者を設置する「管理委託方式」

しかし、せっかく始めたネギを諦めたくはない。紫芝さんは生産コストを減らすべく、生産工程の見直しから始めた。大きかったのが苗代だ。自分たちで育苗すればコストは半分にできるだろう。ほかにも削減できそうなところをリストアップしながら、人件費をどうするかも考えた。

ネギは苗を植えてから、土寄せ、追肥、除草といった中間管理作業に時間がかかる。圃場ごとに作業適期も違うので、それを見極めながら人を采配するのも大変だった。それならばいっそのこと、圃場ごとに管理者を設置して、それらの作業を管理者に任せてみてはどうだろう。管理者の都合がいいときにやってもらい、労賃は、その都度の時給ではなく、一作終了後、収入から経費を差し引いた分を支払う。管理者になった人もこれなら納得してくれそうだし、赤字になる心配もない。つまり、ネギの「管理委託方式」だ。

一方で、人手のかかる作業（育苗、定植、収穫調製作業など）はみんなでやったほうがいい。作業も早く終わるし、楽しくできる。それに、地域に働ける場を

ネギの除草。これは管理者の仕事。自分の都合に合わせて一人で黙々と行なう

ネギの定植作業。これは共同作業。地域の人も交えながらみんなでワイワイ行なう

いかにたくさん作るかが田切農産の役割だと紫芝さんは考えているからだ。こちらの労賃は時給で支払う。

そんなことを考えているとき、集落営農の経理に詳しい税理士の森剛一さんから、ある話を聞いた。圃場ごとの実績に応じて配分金を支払う「プレミアム方式」というもので、努力した分が評価されるから、管理者のやる気が増す方法だという。おもしろいなと思った紫芝さん、この考えも取り入れることにした。

責任感が出てくると手を抜けない

紫芝さんはこれを2年目から実行に移した。まずは地域の人に「一緒にネギをつくりましょう。初期投資ゼロで白ネギがつくれます。畑や必要な資材はぜんぶ法人で持ちます。労働力はあなたが出してください。つくるのはあなたです」と言って呼びかけた。すると、さっそく6人が手を挙げて「管理者」となり、約60aの白ネギづくりが始まった。

紫芝さんが成功したなと思ったのは、田切農産の若い従業員であり管理者にもなった吉川協一さん（45歳）の働き方が変わったことだ。これまでは残業手当がないので規定通りの「9時5時」で仕事を終えていた吉川さんだが、管理者になってからは、「時間外」を使っ

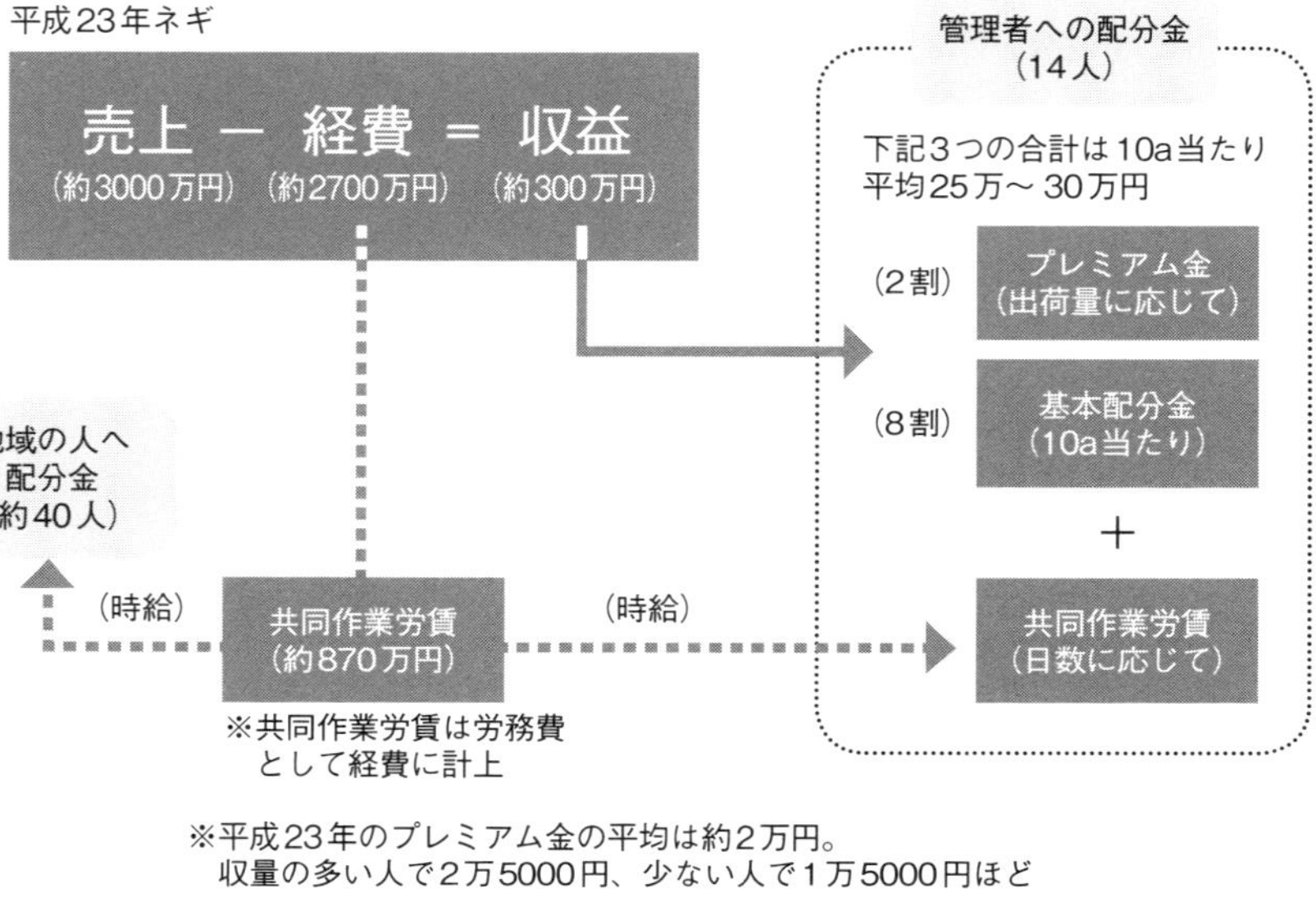

※平成23年のプレミアム金の平均は約2万円。
収量の多い人で2万5000円、少ない人で1万5000円ほど

図2 配分金のしくみ

てネギの管理に集中するようになった（ネギの収益の配分金は給料とは別にもらえる）。朝7時頃から自分の畑に行って作業し、夕方も5時になったらパチンコなどには行かず、軽トラに除草鍬を積み込んで畑に直行するようになった。

「だって手が抜けませんよ。草だらけにすれば誰がサボっているのかすぐわかりますからね。ラクじゃないけど、任されるとおもしろいですよ」と吉川さん。

面積4ha、管理者は14人に

ネギの圃場を同じ場所に集めたのもよかった。隣の畑には負けまいと、管理者同士のいい刺激が生まれる。そして3年4年たつと、技術を教え合う雰囲気も生まれてきた。新しく管理者になった人には先輩農家が教えていくのだ。たとえば土寄せのタイミング。土寄せはネギの首が伸びたら行なうが、早いとネギが太らない。白い首の部分が5㎝見えるくらい伸びてきてもすぐには埋めず、光に少し当てて緑にしてから埋めると太りはグンッとよくなる。ちょっとしたことだが、これを意識するかしないかで収量が倍近く変わる。圃場が近いと、こういった技術が伝わりやすいので全体のレベルも上がっていく。

もうひと踏ん張りがんばろうと思う

●下島修さん（61歳）

私は早期退職して2年前から参加してます。楽しいですよ。去年は34a。一昨年は初めてでしたから、いろいろ教えてもらいました。でもサイズがのらなかった。去年は勉強したから、まずまずのネギができました。

管理者になると、負けちゃいられないと思うから、もうひと踏ん張りがんばろうという気持ちが生まれます。

配分金はシーズンが終わってから支払われるんですが、努力分（プレミアム金）も明細にちゃんと書いてある。やっぱり、農家としてはがんばれば収益が上がるっていうのはうれしいですね。ただみんなが同じ気持ちでやらないとうまくいかないと思うから、いつもみんなと連絡をとりながらやってます。

競争しながら、仲間意識も強くなる

●大島彰さん（75歳）

ネギはもう6年くらいかな。お互い競争して、いいものをつくってますよ。畑一枚ずつ意欲的にやる人もあれば、手抜きする人もいる。一番とる人で10a1000ケース（1ケース3kg）、少ない人で600ケースくらいかな。こうやって差が出てくるから、人より多くとろう、って野心が生まれる。それが励みになるね。自分の収量？　去年はがんばったから1000ケースいった。

ただね、競い合うのもいいけど、共同作業には共同作業のいい面もある。みんなでやれば仲間意識が強くなるからね。ウネ立てとか定植とかは共同作業でしょ。それはそれで楽しい。このやり方はいいと思う。

こうしてネギの取り組みはどんどん拡大してきた。現在7年目、当初30aで始めたものが、今ではその10倍以上の4ha、管理者は14人にまで増えた。

収益の8割が基本配分金、2割がプレミアム金

ところで管理者に支払う配分金はどのようなしくみなのだろうか。ネギの売上から経費を差し引いた収益のうち、8割を基本配分金としている。総面積で割って10a当たりの金額を出し、管理した圃場の面積に応じて割り振られる。残り2割がプレミアム金。これは努力した分へのボーナスみたいなもので、管理者の出荷量（箱数）に応じて割り振られ、基本配分金に上乗せされる（図2）。

ネギは天候によって市場価格が激しく変わるので、年によって異なるが、値段のよかった平成22年の配分金は10a当たり15万4000円（プレミアム金の平均を上乗せした金額）。さらに、管理者は、育苗や定植、収穫調製作業などの共同作業にも参加するので、その労賃（時給

約1000円）も別に支払われる。多い人では10ａ30万円ほどの配分金になるそうだ。

「自己完結で個選出荷しているネギ農家の所得と同じか、それ以上になると思います」と紫芝さん。ふつうのネギ農家は家族労働だから、それで得られる金額を一人で得られるというのは大きい。

法人の利益は残らないが、経営的なメリットは大きい

ネギの収益は管理者にまるまる配分金として支払うことになる。それでは法人に利益が残らない。しかし紫芝さんは「それでいい」と言う。より多くのお金を地域に還元できるからだ。法人を運営するための資金は、現状イネなど他の分野で賄っている。

たしかにネギは、法人としての利益は残らないのだが、経営全体で見ると非常に重要なメリットがあるそうだ。ひとつはネギにかかわってくれた人たちが、ネギ以外の法人の仕事にも来てくれるようになって、労働力の確保につながったこと。もうひとつは運転資金。ネギの収穫は8月から12月までの5カ月間あるので（時期をずらして植えている）、その約半年間は毎月600万円（年間売上約3000万円÷5）が入ってくることになる。運用資金がつねに手元にあれば、入用のときでも借り入れをせずにすむ。さらに、ネギを長期間出荷することで市場の評価も高くなる。他の品目を始めても販売しやすい。

みんながやる気を出して農業を続けられるしくみ

田切農産では、今年からトウガラシでも「管理委託方式」をスタートする。集落営農という共同体の中で、それぞれがやる気を出せるシステム。地域の人があと5年10年、やりがいを持って農業を続けていくためのしくみとしては、この方式がいま一番いいと紫芝さんは思っている。

（『現代農業』2012年7月号掲載）

野菜編

ホウレンソウ・スイカ 独立採算だとうまくいく

山口県阿武町・(農)うもれ木の郷

編集部

集落営農というと、何でもかんでも共同でプール計算で……というイメージだが、別に必ずしもそうしなくてていいではないか、というのが(農)うもれ木の郷の考え方だ。

事務局長の田中敏雄さんが思う農業の醍醐味とは、やる人の思うとおりにやれること。技術のあるなしで差がついたり、他と競争意識を持ったりする部分をまったく失ってしまったら、ちっともおもしろくないだろう。だいたい、集落営農を推進する行政指導側は、土地を集約しさえすればそれで農地が守られると思っているようだが、とんでもない。農地は集めただけではいずれ荒れる。それをいきいきと活かしていく組織のイメージづくりが絶対に必要だ——。

標高400m、山の中に突然現われる85haの水田地帯

4集落1農場。360度をグルリと山に囲まれた完全な盆地。「忍びの隠れ里か?」と思うような、周囲とは隔絶された感のある一帯だ。大昔は湖の底だったと言われると、なるほどと思う。その「湖」を取り囲む山際の外周の道沿いにところどころ家々がかたまってあるのが、4つの集落だ。

そして、この「湖面」に当たる見渡す限りの約85haの水田が、ほとんどすべて(農)うもれ木の郷に集積されている。構成員は73戸113名(男性59名、女性54名)。法人ができた経緯などは、かつて2002年11月

山口県阿武町宇生賀《うぶか》地区・農事組合法人うもれ木の郷を、山の上から一望してみた
大昔、火山の噴火でできた堰止湖だったところが埋まって盆地になったといわれ、地下30m程度まで湖成堆積層がある「深田」地帯だった。法人設立のきっかけともなった圃場整備では、徹底した排水改良で野菜がつくれる田に造成。その工事の際、奈良の東大寺の再建に供されたと噂のスギやヒノキの大きな株が何本も埋まっているのが見つかり、「うもれ木の郷」の名の由来となった（写真はすべて高木あつ子撮影）

号で紹介したので重複は避けるが、その後、うもれ木では野菜の生産額がどんどん伸びてきている。その秘密が「野菜部門、完全独立採算制」にあるという。

売り上げから経費を引いた額が個人の財布へ

作目は主にホウレンソウとスイカ。ハウスはだいたい山際グルリの外周道路沿いの田に建っていて、集落に近くて条件のいい場所を選んだことがうかがえる。

野菜で経営を立てたい構成員は、うもれ木の郷からここの管理を任される。ハウスは農協からのリースだが、自分で考えて作付けし、自分で管理し、自分で収穫する。出荷は「うもれ木の郷」として一括農協だが、売り上げは枝番がついて個別管理されている。経費も、ハウスのリース代のほか、各自が注文した分のタネ代・肥料代・農薬代などは農協でわかるので、売り上げからこれらの経費とうもれ木の郷への土地使用料を差し引いた分が、まるまる「従事分量配当」として、その人の財布に入るというわけだ。

現在、この方式に参加する「野菜農家」は8軒。夫婦2人で勤めを終えてボチボチ野菜を始めた人もいれば、他集落からの雇用を入れて大規模に展開する人も数人いる。売り上げが1000万円をゆうに超える経営まで出てきて本格的だ。

集落営農だからといって「農家の感覚」を失わない

「イネやダイズみたいな土地利用型作物は、個々バラバラに機械を持って個別経営してると確かに無駄が多いけど、野菜はそんなことないんです」と田中事務局長。

「野菜はプールでやったらきっとダメ。共同作業で時給制とか日当制とかにしたら、どうしたって『今日一日過ぎたらいい。明日は明日』みたいな感覚になる人が出てくる。これだと10のものも9になってしまいます。本来は『明日は天気が崩れそうだから、今日はこここまでやってしまおう』とか先のことまで考えてやるのが農家の感覚のはず。農家の感覚で農業すれば、10が11になるのは簡単なんです」

自分に即、返ってくるのが本来の農業の形。集落営農にしたからといって、本来の農業の形を見失うのは本末転倒というわけだ。

「農業で食っていける農家」を地域に増やす

だがこのシステム、うもれ木の郷の法人側にとっては、野菜の売り上げが伸びても収益が増えるわけではない。

野菜生産で法人に入る額は常に一定。野菜をつくる人から10a1万8000円の土地使用料が入るほかは、転作助成金（地域振興作物に指定されているので10a2万円）が入るだけだ。

ところでじつは、うもれ木の郷は利用権設定している地権者への小作料がおそらく日本一高い。10a当たりの地代2万4000円＋従事分量配当最低保証分1万2500円で、実質3万6500円の小作料。97年の設立当初からずっと変わっておらず、視察に来た人がみんなビックリするほどの高額だ。だが、うもれ木の郷としては、農地の価値に敬意を払い、農地を守ることを役目とする法人の存在理由そのものにかかわることとして、この額を大事にしている。

なので計算してみると、野菜をつくる田から上がる法人の収益は、ほとんどわずかということになる。もちろん、地代を見直すとか、野菜農家からの土地使用料をもう少し上げるとか、やれることはありそうだが、今のところ田中さんにその考えはない。「法人の経営が危なくなってくれば、もちろんそういうことも検討しなきゃいけませんが、今のところ必要ない。それよりも、野菜をつくって地域の農家が収入を上げる。農業で食っていける地域になることのほうがよっぽど重要なんです」

そうなのだ。(農)うもれ木の郷は、地域の田んぼ・地域の農業を守るために作った集落営農組織であり、法人自体が利益を追求するのが目的ではない。

「もし、利益追求を目的にした法人だったら、この地域85haの水田なんて、５人おったら経営できますよ。でもその代わり、集落はなくなりますね。何のための組織なのかということを、常に考えてないと間違ってしまいます」

うもれ木の郷ができてから、集落を出ていった家はない。いっぽう勤めをやめて戻ってきた人はけっこういる。法人でのオペレーター作業や、野菜で生計を立てるという道があることが大きい。この地域は、農業で食っていける地域でありたい。

野菜だけではない。うもれ木の郷のイネは毎年９俵以上の反収がある。ダイズにいたっては３００kg以上とれる。かつて湖の底だった場所にヨシや木が生えて堆積し、底知れぬ地力が眠った田んぼだということが一つの要因だが、それだけではない。圃場整備でわざわざ４反区画と狭めに設計したのは、畦畔から穂肥が打てるギリギリの広さをねらったからだ。元肥を少なめにして根を張らせ、穂肥を必ず打つような丁寧なイネつくりをこれからもずっと続けるつもりだ。

農地は集積しただけではダメだ。栽培技術の切磋琢磨を忘れてしまうような集落営農は発展しない。田中さんはそう思う。

(『現代農業』２０１２年７月号掲載)

うもれ木の郷の野菜農家とは——

社長でやれるから、農業楽しい

原勝志さんは現在52歳。中国四国農政局勤めを途中退職し、6年前、うもれ木の実家に戻ってホウレンソウを始めた。

勤めの時は、まさに圃場整備や土地改良事業の営農計画・経済効果などの担当で、「絵に描いたもちを、いっぱい作ってました」。

しかし実際に自分で農業を始めると、なかなか思うようにいかないものだ。天気の都合でホウレンソウが一気に生長。収穫の手間が足りず、すき込んでしまうようなこともしばしばある。

「本当は、ハウス22棟で60aもあるんだから、１５００万円くらい売り上げあってもいいはずなんですが、１０００万円もいきませんねぇ、ハッハッハ」と楽しそうだ。

「ええ、カネもないけど、ストレスもないですよ。人に使われるなんてバカらしいですから。ああもちろん、独立採算じゃなかったら、ここで農業やってないですよ。農業は社長でやれることが何より楽しい」

原さんは、水田作業のオペレーターに出ることはほとんどなく、春先も野菜の作業に集中。ここのシステムはじつに進んでいると思う。「集落営農にこういう方法があることを、霞が関の人はきっとわかってないだろうな」

もっともっと真剣にやらないと

うもれ木の郷でダントツのホウレンソウの売り上げを誇る中村さんも、52歳で勤めをやめて、奥さんの実家のあるこの地区で農業を始めた人だ。今年で10年目。38棟、約70aのハウスを雇用も入れて管理する。

「私はね、みなさんが嫌がるほど仕事してきましたよ。人を使って8時間働かせようと思ったら、雇うほうは準備や後片付けもあるわけで、夫婦2人で12〜13時間は働くのが当然でしょう。法人で仲良く農業って、それもいいかもしれないけど、本当に農地を守るにはもっともっと真剣に農業をやらないと。都市農業の葉物生産者に比べたら、ここはまだまだ全然甘い」

辛口なことをいうタイプの人だが、カネのとれる農業をしっかりと確立し、次世代の後継者を外からたくさん呼びこんで、その技を継承したいと考えているようだ。それが、中村さんが考える地域の発展の方向性。うもれ木の郷には世話になったと思っているので、そういうふうに恩を返したいというのが本音のようだ。

――独立採算の野菜部門には、さすがいろんな人材がいた。

中村さん

原さんのところで農業修業中の蟹谷《かにや》隆二さんとコマツナ（ホウレンソウの連作回避にコマツナを播くこともある）

神奈川県に住んでいた蟹谷さんは、原発事故以降、食の安全が気になりだし、急速に農業に興味を持った。地震の少ない環境・子育てにいい環境・食べるものくらいは自分でつくれる環境を求めて、はるばる山口県までやってきたところだ。いずれは、うもれ木の郷で新規就農できれば最高！とのこと。

野菜編

野菜を主力にすれば、みんなが働ける集落営農になる

島根県邑南町・(農)星ヶ丘

編集部

イネより野菜が主力の集落営農

山に挟まれた峠を越えると、道の両側に小さな田んぼが広がり始め、民家がまばらに見えてきた。島根県邑南町（旧瑞穂町）安田集落。世帯数25戸の静かなこの集落に、農事組合法人・星ヶ丘ができて7年になる。組合員18戸、経営面積10haの小さな集落営農だ。事務局長を務める冨永英明さん（58歳）が、作業小屋の前でこう話してくれた。

「ナスの収穫のときは、この田舎道に毎朝ラッシュが起きるんです。収穫を終えたらここに来て選別なんかをするんですけど、軽トラ10台くらいがズラーッと並んで順番待ち。なかなかの光景ですよ。通りがかりの人からは、『祭りでもあるんかなー』ってよく言われるんです（笑）」

星ヶ丘が管理する10haはすべて田んぼだが、転作割り当てが3割あるので、減反分の3haでナスや白ネギ、レタス、ハクサイなどの野菜10品目以上をみんなでつくっている。

昨年度の総会資料を見せてもらうと、イネ7haと多品目野菜3haで、売上は約3500万円。そのうち約2500万円が野菜なので、イネより野菜のほうが2・5倍も多いのだ。中山間地の田んぼ地帯にあって、野菜にこれだけ力を入れている集落営農も珍しい。

奉仕の心を胸に「星ヶ丘」

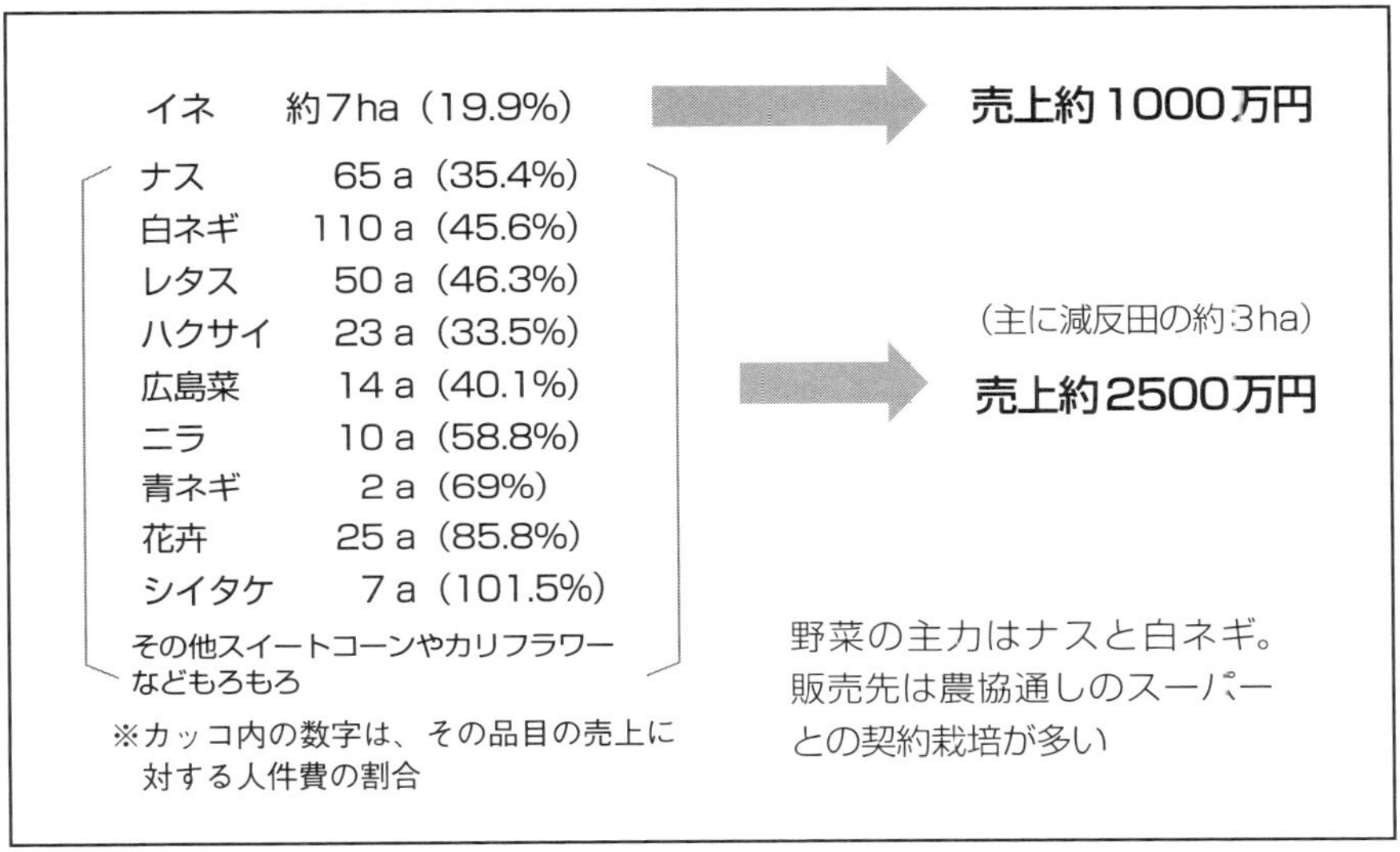

(農)星ヶ丘でつくっている主な作物（平成24年度）

「星ヶ丘」という名前も少し変わっている。冨永さんによると、昭和の初め、地区の小中学校の丘に住民が200mトラックのグラウンドを作った。すべて奉仕による作業だったので、その丘は「奉仕が丘」と呼ばれた。また、星がよく見えることもあり、「星ヶ丘グラウンド」とも呼ばれていた——。そんな先人たちの「奉仕の心」を引き継ぐという意味も込め、みんなで決めた名前だそうだ。

野菜の共同作業は、じつは星ヶ丘ができる前から集落内で取り組んでいた。「歳で、もうつくれない」という人の田んぼを3人の有志が任意組合を作って請け負った。そのときイネと同時に減反田で野菜をつくったのが始まりだ。冨永さんもメンバーの一人で、付けた組合の名前は「スイセイ」。星ヶ丘にちなんだ「彗星」と思いきや、酔った勢いでやろうという「酔勢」だ。

「彗星のごとく現われて、酔った勢いでやろうという意味です（笑）。こういう勢いも大切ですからね」

酔勢で取り組んだ野菜は、サニーレタスやナス、白ネギなどさまざまある。だが、当時は3人とも勤めていたので土日しか作業に出られない。そこで日々の管理は集落のおばちゃんたち5人に頼むことにした。最初はみんなで楽しくやってくれていたのだが、7〜8

年もするとおばちゃんたちも歳を重ねて、畑に出るのが厳しくなってきた。

「さて困った。これでは続けられない。こうなったらみんなの力を借りるしかない」ということで、集落で相談し、星ヶ丘が生まれたというわけだ。冨永さんは法人設立を機に、長年勤めた農協を51歳で早期退職し、集落営農の活動に力を注ぐことにした。

多品目栽培だから、みんなが働ける

星ヶ丘の特徴は、何といっても作業に参加する人数が多いところにある。

「そこがうちのいいところでしょうね。組合員は18軒ですけど、一軒から家族4人くらい出る家もあるので、20代の若い子からおばあちゃんたちまで入れると、総勢30人くらいは作業に出てくれていると思います」。まさに村人総出といった感じだ。

最高年齢の90歳になるおばあちゃんは畑仕事ができないので、椅子に座ったまま作業ができる野菜の選別や袋詰めをやっている。20代の若者は機械作業のオペレーターを手伝ったり、30代で子育てを終えた女性はイネの育苗ハウスで切り花をつくったり……、多品目栽培で仕事がさまざまあるので、その人に合わせた作業ができるのだ。

「90歳のおばあちゃんは今も元気ですよ。ナスの収穫が始まる7月から白ネギの収穫が終わる12月まで、ほぼ毎日出てきてくれますからね。1日3時間くらい作業して月5万円くらいはもっていかれるんじゃないかな。みんなで作業するからコミュニケーションの場にもなるし、楽しいんだと思います」

ちなみに、星ヶ丘の作業労賃は一律時給600円。昨年度、総勢30人に支払った労賃は1300万円ほどだ。つまり、これだけのお金がこの小さな村の中で回っていることになる。

効率化を追求したら人がいなくなる

「ただね、多品目は正直面倒ですよ。一つとか二つに絞れるんだったら、そのほうがラク」

であれば転作にカウントされる飼料用イネ（WCS）でもつくればいいような気もする。邑南町には和牛農家もけっこういる。機械を使えば2〜3人でできるし、人件費もさほどかからない。

「でもそれじゃダメなんです。だって仕事がなければみんな外に出てしまうでしょ。結局、集落営農を始める前のオール兼業状態に戻ってしまう。60歳で定年に

主力のナス。夏は毎朝5時から収穫。多いときは作業に12～13人来る

なって再就職して戻ってきた頃には70代。そうなってからだとアイデアも出ないし、欲も出てこない。農業への積極性がなくなってしまうと思うんです。だから、うちは『60歳で定年になったらみんなで農業やろう』が合い言葉なんです」

みんなでやると効率がいい

大人数でうまく作業するには段取りも重要だ。

「田植えとかイネ刈りのときに村人総出でお祭り気分でやる集落営農はけっこうあるでしょ。でもうちは逆。田植えやイネ刈りはできるだけ小人数でコストをかけずに効率的にやる。そうじゃないと儲からないですからね。その代わり、人手がかかる野菜の作業は村人総出です」

冨永さんによると、手間のかかる仕事は一人でやるよりみんなでやったほうが効率がよくなるという。

「ナスの収穫なんかもそうですが、たとえば一人で4時間かかる仕事を2人でやると2時間かかりますよね。だけどこれを4人でやると1時間もかからない。30分くらいで済むこともある。不思議だけど、仕事ってそういうものなんですよね。みんなでやるとすごい短縮できる。一人で4時間だと途中で休むけど、30分なら休まずにできるでしょ。ここらではね、昔から『仕事は大人数、うまいものは小人数』って言われているんです。うまいものを食べるときは小人数のほうが取り分が多くなるからいいじゃないですか（笑）。でも手間のかかる仕事は大人数だと驚くほど早く済みますからね」

ただし、すべてがそういうわけでもないらしい。一人でできる仕事を3人でやったりすると、説明の時間が必要になって余計に時間がかかる。2人でやると、遅い人に遠慮して作業を合わせ、効率が悪くなる場合もある。だから、作業に合わせてちょうどいい人数を考えるのが大切だと冨永さん。

たとえば、鍬でマルチを張るときは2人がいい。向かい合いながらやれば効率よくきれいに張れる。4人いれば2ウネ同時にできるので、こういう仕事は偶数がいい。逆に奇数がいい場合もあるそうだ。「場面場面によって違いますけど、こういうことを考えながらやると、おもしろいんですよね」

赤字にならない収支の目安

ところで、集落営農で野菜を導入し、時給方式でバンバン労賃を支払うと赤字になるという話も聞く。

冬場の仕事を確保するために始めたシイタケ

「当然大赤字になることもありますよ。だからね、10年くらい作物一つ一つの収支を細かく付けてきたんです。そうしたら、赤字になるかならないかの自分なりの見方がわかってきました」

冨永さんの見方とは、ひとつの作物の売上に対する人件費の割合だ。人件費を売上の40％に抑えると利益が10％出る。その割合が50％だとトントンで、それを上回ると赤字になるのだそうだ。

たとえば昨年度の場合、イネの売上に対する人件費の割合は19・9％。さすがに機械作業で人件費を抑えられるので、利益が約４７０万円出ている。ではナスはどうだろう。その割合は35・4％。けっこう低いので、これも利益は約２００万円。白ネギは45・6％で利益は約5万円。一方で、花はその割合が85・8％。約80万円の赤字となっている。「これはね、私がやってみたいという花の品目を独断で導入したら、それがほとんど売れなかった結果です。こういうこともありますね」

福利厚生の充実のために新設した慶弔見舞金

	結婚	弔事	見舞
本人	3万円	1万円	5000円
家族	1万円	5000円	－

組合員本人だけでなく、その家族の分も組み入れてある

売上に対する人件費の割合は、もちろん作柄などによって多少変化はするのだが、冨永さんが10年やってみたところ、作物ごとでわりと決まっていることがわかった。だから次年度の計画を立てるときや新たな品目を導入するときは、この割合を40％以内に抑えられるかどうかを目安にしている。今のところ、冨永さん流の見方が功を奏して、全体では赤字を出していない。

今年度はもう一歩進化して、賃金をアップさせた。一律時給６００円だったところを年齢や状況に合わせて50〜１５０円賃上げした。また、福利厚生も充実させた。農業者年金の助成（加入者には掛け金の2分の1を助成。最高1万５０００円）、有給休暇の確保（1日8時間以上で年間２４０日以上作業に出る人には年に10日ほど）、慶弔見舞金の新設（上表参照）などだ。おかげでメンバーの暮らしも豊かになっていく。

「これで赤字を出さないようにするには、もっと売上を伸ばさないといけないから大変です。課題もまだまだ山積みですけど、今はおもしろいですよ。農業を始めたら、もうサラリーマンには戻れません。肉体的にはきついこともあるけど、ストレスはないし、昼寝もできる。野菜がしっかり育つ姿をみんなで見るのも楽しいですからね」

（『現代農業』２０１３年8月号掲載）

段々畑を整備して、機械作業を共同化

みんなでらくらくモモ栽培

山梨県甲州市大藤地区・らくらく農業運営委員会

編集部

果樹産地では珍しい集落営農

山梨県甲州市（旧塩山市）大藤地区といえば、全国屈指のモモ産地。昭和30年代に養蚕や水田を主体とする農業からモモへの転換が図られ、いち早くモモの栽培が行なわれてきた。先駆者の努力によって技術も確立し、その品質の高さから「大藤のモモ」というブランド名で知られるようになっている。

だが、この産地も高齢化が進み、遊休農地が増えてきた。急峻な棚田（千枚田）をそのまま果樹園にしてきたので、機械化が難しく、作業性が悪い。このままでは産地が潰れてしまう……。そんな危機感から生まれた集落営農があるという。その名も「らくらく農園」である。果樹産地では珍しいが、基盤整備をして働きやすい園地を作り、みんなの力で楽しくモモ栽培を続けようとしている組織だ。さっそく現地へ向かった。

基盤整備で生まれ変わったモモ畑

塩山駅からタクシーで山へ向かって十数分走ると、「らくらく農園」のある中萩原集落に到着した。代表の萩原辰夫さん（76歳）に、すぐにそのモモ園に連れていってもらうと……、広い！　きれい！　樹が低い！　もう圧巻な光景なのである。なだらかな広い畑に、驚くほど樹高の低いモモがじつにゆったりと並んでいる。園地が一望できる小高い場所に着くと、萩原さんは昔のことを思い出すように話してくれた。

「らくらく農園」の全景。まさに桃源郷

かつては急な斜面に一筆1aにも満たないような畑が広がっていた。園地に通う道は、軽トラがやっとの思いで通れる曲がりくねった坂道で、それがまばらにあるだけ。道に接している畑はまだいいが、そうでない畑は歩いていくしかない。収穫した重たいモモを道まで歩いて運ぶのは大変なこと。そんな場所でモモがつくり続けられてきたのだ。萩原さんの言葉を借りれば、「苦労と努力だけで産地が支えられてきた」。

それが今ではご覧のとおり、数百筆にわたる段々畑が平らな園地に生まれ変わった。

「これをやってなかったら、やめる農家も多かっただろうし、この園地も3分の1くらいが藪になっていたでしょうね。やれて本当によかったと思います」。萩原さんはしみじみそう言った。

「らくらく農園」には現在、組合員が18人いる。中には92歳になる現役の男性もいるし、77歳で一人でやっている女性もいるという。もともと専業農家だったのは萩原さんを含めた4人だけで、残りは定年帰農や兼業といった小さな農家ばかり。2回に分けて基盤整備した約6haの園地にそれぞれのモモ園がある。

急傾斜で棚田のような小さな
園地が広がっていた

整備後はこのようにきれい
になった（苗木を植えて2
年目の平成13年）

低樹高仕立ての疎植だから管理がラク、行き届く

「らくらく農園」の〝らくらく〟たる所以は、まずはその樹の仕立て方に表われている。みんなが続けられるようにと、県の技術機関と協力して開発してきた樹高2・5mほどの低樹高仕立てに統一した。手を伸ばせば、たいていはどこでも届く高さだ。

それまでは「大藤仕立て」という樹高5m前後の仕立て方が多かった（本来は3・5mくらいだが、肥沃な土地なので時間がたつと樹高が高くなる）。大半が脚立を使う作業なので、とくに高齢者や女性には重労働、おまけに危険な作業だった。それが今では脚立がほとんどいらないので、安心してラクに作業ができる。

ただし、この低樹高仕立ては、収量が反に500kg～1t近く減るという。植える本数が少ないうえに上部の空間が使えないからだ。

「今は収量重視じゃなくて労働生産性を重視する時代だと思うんです。仕立て方もさまざまあって、私もいろいろやってきましたが、このやり方がいいですね」

2年前の普及員の調査によると、「らくらく農園」の平均反収は約1・2tで、県平均は1・5t。収量は

樹高2.5 mほどの低樹高仕立て。脚立を使わずにラクに作業できる。採光性もいいので着色もいい。約30度で伸ばした主枝は竹などで添え木をし、先端を上向きにするのがポイント。樹液の流れがスムーズになる

たしかに低い。ところが、反当たりの売上は「らくらく農園」が約64万円で、県平均は約55万円。9万円も高いのだ。この要因は、どうも秀品率にありそうだ。

「モモの作業で一番大変なのは収穫なんですよ。適期が数日しかないから、少しでも取り遅れるとすぐに過熟になっちゃう。そうなったらもうジュース用。せっかくいいモモができてもお金にならないんです。なにせ収穫は真夏の暑い時期でしょう。毎日コンスタントにとるのは大変ですからね」

「らくらく農園」は樹間の広い疎植栽培なので、軽トラで園地の中まで入れることが大きい。収穫のときは樹の元まで軽トラを入れ、脚立を使わずに立ったまま実をもいで、そのままコンテナに積んで農協の共選場へすぐに運べる。以前のように収穫したモモを一輪車で軽トラまで運ぶ手間も省けるので、作業性は劇的に改善された。成ったモモは適期を逃さず、あますことなく出荷できるのだ。

大変な作業はできる人がカバー

〝らくらく〟のもうひとつは共同作業。「らくらく農園」は法人化はしておらず経営は基本的に別々で、せん定や摘蕾、摘果、収穫などの日々の管理はそれぞれ

が行なう。だが、防除、堆肥散布、法面の草刈りといった大変な作業は、共同作業として組合員のオペレーター数人が「らくらく農園」所有の機械で一斉に行なうようにしている。

「モモをつくり続けたいけど一人では防除ができないっていう人も多いんです。じつは今日も午前中は隣町の姉のところに防除に行ってきたんですよ。一人じゃできないって言うから……。個人ではできないところを、地域の中でできる人がカバーするような仕組みを

立ったまま収穫できるのでラク

集落で作ることで、高齢者でも女性でも兼業でも続けられるようにする。それが〝集落営農〟なんですよ」

防除や堆肥まきなどの仕事を頼んでも、計7000円

オペレーターの機械作業は、以前に比べると格段にスピードアップした。たとえば防除は、動噴の手散布だった頃は10a20分以上かかっていたところが、SSを使うと9分足らず。適期に一斉に行なうので病気で困ることはない。堆肥は10a3tまくのに一輪車とスコップを使うと丸一日仕事だが、マニュアスプレッダなら1時間。草刈りも乗用を使えば刈り払い機よりずっと早い。

作業効率をここまでよくしているのは基盤整備のせいだけでなく、じつはモモの植え方にも大きな要因があるようだ。10a15本程度だった栽植密度を7〜8本とし、樹間12m間隔のゆったり植えにした。だから大きな機械でも園地の中を効率よく走ることができる。

さらに、造成のときには、あえて畑の境界線を作らなかった。コンクリートや石垣にはせず、ポールや地面に突き刺した杭が数カ所にあるだけだから、障害物がない。どの家の畑も直進できるので、より効率よく

らくらく農園（らくらく農業運営委員会）の取り組み概要

組合員 18戸 （4戸が専業農家で後継者も誕生。残りは定年帰農や兼業農家で平均年齢は70歳以上）

面積 約6ha （組合員それぞれが所有）

所有機械 ＳＳ、マニュアスプレッダ、バックホー、乗用草刈り機など

〈基盤整備のイメージ〉

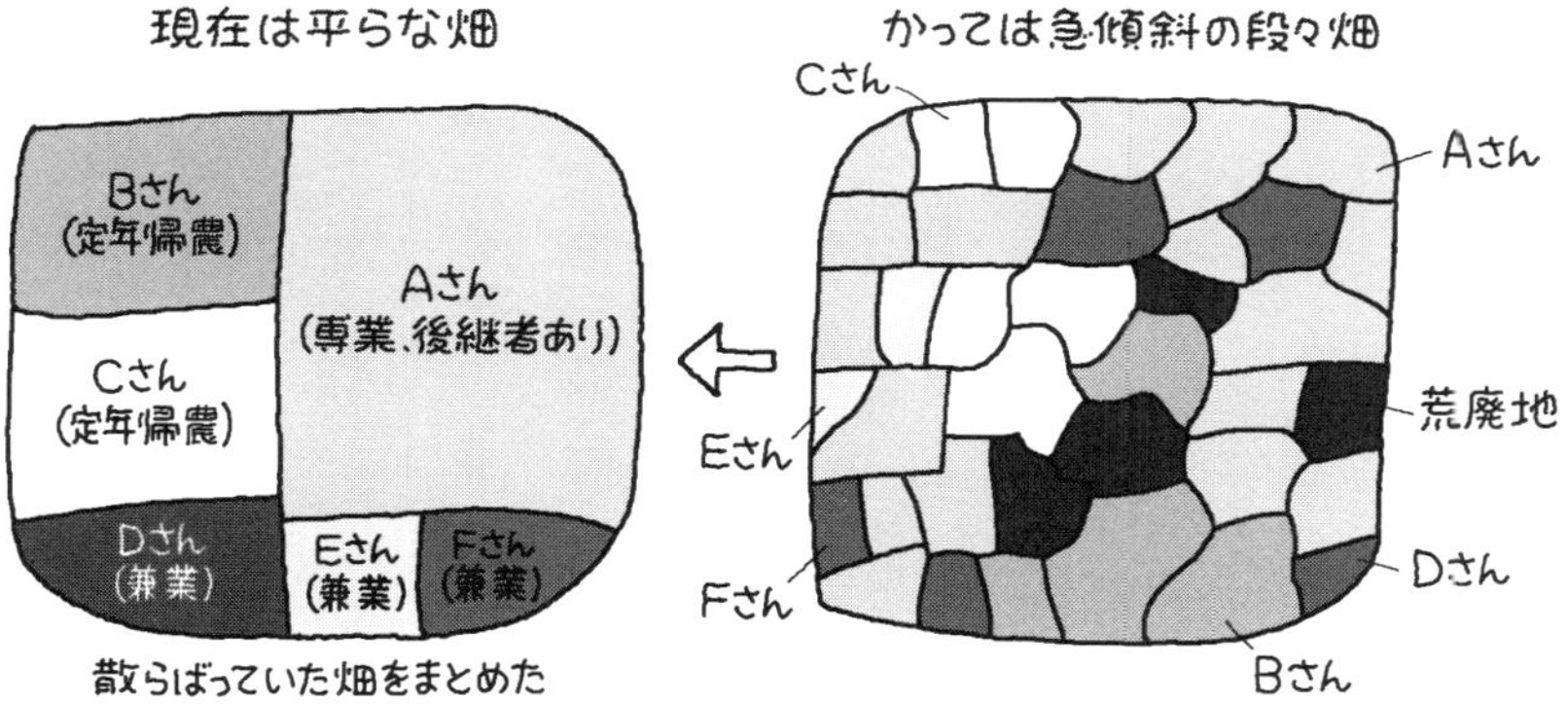

〈活動内容〉

・低樹高仕立て ＋ 疎植栽培に統一
・オペレーターによる共同作業
・肥料や堆肥、農薬などの共同購入

・10ａ３ｔの堆肥まき
・年に14回ほどの防除
・法面の草刈り
※すべての労賃合わせても10ａ7000円!!

無駄なく作業ができるというわけだ。

「3tの堆肥まきと、年に14回ほどの消毒、それに法面の草刈りにかかる労賃は、全部で10a7000円くらいです。安いでしょ」

普通、これだけの作業を人にお願いすると、どれほどの費用がかかるだろう。らくらく農園のオペレータ－の労賃は時給1200円だが、それぞれの作業にかかる時間が本当にわずかですむので、ほかのモモ農家も驚くようなこの金額になるという。

ちなみに肥料や堆肥、農薬などの生産資材もすべて共同購入するので資材代は安くなる。また、SSやマニュアスプレッダ、バックホーなどの機械も共同所有なので機械代に経営を圧迫される人はいない。

話をまとめるのは大変だったが…

作業性をよくし、みんなが続けられる仕組みができてきた。しかし、こうなるまでには大変な苦労もあった。萩原さんが国の基盤整備事業を知ったのは平成6年。地元負担が5％の補助事業だったので、棚田のような畑を解消するにはこれを導入するしかないと思った。さっそく土地改良区に相談すると、「そんなの無理。協力できない」と断られた。既存の樹園地を大掛かりに造成するなんて、当時は前例がなかったからだ。

そこで萩原さんは集落内を一軒一軒回った。基盤整備するには、それまで散らばっていた小さな畑を一軒ごとに集約し、それぞれ再分配するので、農地の売買や交換なども必要になってくる。そんな説明をすると、賛同してくれる人もいたが、反対する人もいた。「先祖代々の農地は譲れない」「初めてのことで完成のイメージが掴めない」……。萩原さんはときには畳に頭をすりつけるような思いもしながら、ねばり強くみんなを説得して歩き、話をまとめていった。

農地の売買価格は当時では破格の坪1万円に設定し（当時の相場は6000円）、買う人には負担にならないように農協の低金利資金を使えるように頼みに行くなど、さまざまな工夫をした。そうして最終的には、22人の地権者（非農家もいる）が13人になり、耕作したいという人は11人になった。この11人で、平成8年に「らくらく農業運営委員会」を設立。以下の3つの基本理念を掲げて、それを元にここまで活動してきたわけだ。

・らくにモモづくりができなければ産地は続かない
・持続性の高い果樹栽培を進めるために、次世代につなげる産地の形成を行なう

・専業・兼業・年齢を問わず幅広い担い手で農地保全を図る

この基本理念にある「らくにモモづくり」からとって、中萩原集落に「らくらく農園」ができた。

基盤整備は、中山間地総合整備事業を活用し、平成11年の秋から翌年の春にかけて4・4ha（うち農地面積3・3ha）を整備。それが第一らくらく農園である。その後、平成21年には畑地総合整備事業を活用して3・2ha（うち農地面積2・5ha）を整備。それが第二らくらく農園である。第二では、新たに加わった人もいるので組合員は現在の18人になっている。

せん定講習会のようす。組合員は技術もみんなで勉強。定年帰農者や母ちゃん農家もレベルアップしている

別の場所で苗木を育て、未収入期間を短縮

基盤整備で一番の課題となったのは、それまで生活を支えてきたモモの樹を切らなければいけないことだ。新たに植えるモモの収益を出せるようになるまでには5年以上かかる。そこで未収入期間を最小限にするために、整備の3年前から別の場所で苗木を育てた。県の遊休農地活用促進事業を活用し、組合員の3人が約1haの遊休地を整備して1000本ほど苗木を大苗にした。

さらに、造成が終わって大苗を植えるときは「計画密植」とした。若木は収量が低いので、当初は今の4倍の本数を植えて収量を確保し、その後少しずつ間伐、4年目には今の本数になるようにした。おかげで大苗を植えた2年目から成園なみの収量を確保することができた。そうして「らくらく農園」は軌道に乗ってきたのだ。

後継者が4人誕生した

2年前、萩原さんの家には40代の息子さんが勤めをやめて後継者として戻ってきた。同じように、ほかの組合員にも3人の後継者が帰ってきたという。「これをやってなかったら、うちの息子も戻ってこなかったでしょう」。

「らくらく農園」を立ち上げながら萩原さんは、果樹地帯での集落営農のかたちをずっと模索してきた。今思うのは、後継者はそれぞれの家にいなくても、集落の後継者として何人かいれば、みんなが続けられる農業ができるということ。また、農地は、自分の固定資産と考えるのではなく、地域の生産資材と考えれば集落営農は取り組みやすくなること。そして、それが荒廃地を減らす一番の方法だと思うのだ。

「ここは決して気の合う人同士が集まってできた組織じゃないんです。動かせない農地を背負ったひとつのエリアにいる人たちの集まりだから、難しい面もありました」と萩原さん。でも今は、みんなが納得して楽しくモモづくりを続けている。それが萩原さんにとっては何より嬉しい。

「らくらく農園」の取り組みがきっかけとなり、今、県内の2カ所で同じような取り組みが始まろうとしている。

(『現代農業』2013年1月号掲載)

果樹編

後継者を迎え、畑を引き継ぐ体制もできた

ユズ産地を守るために法人化

和歌山県古座川町・(農)古座川ゆず平井の里

古座川ゆず平井の里総括責任者　倉岡有美

「もったいない」から始まったユズ加工

古座川町平井地区は、紀伊半島の南部、日本有数の清流で知られる古座川の源流に位置し、周囲が山に囲まれた、総戸数77戸、人口134人の小さな集落です。

昭和40年の始め頃より林業の副業にとユズが植栽され、果汁が郷土料理のサンマ寿司によく合うことから、地元でも大変貴重で、よい値段で取引されてきました。拓かれたユズ畑の多くは平井地区が所有する山なので、生産者の多くは地区に地代を払うかたちで栽培がなされていきました。昭和51年には生産量も多くなり、古座川ユズ生産組合を結成、その後はユズ搾汁加工場も建設し、本格的なユズ果汁の生産も開始されました。

当時は集落に子供たちも多く、収穫作業や出荷などを家族総出で行なっていました。毎年秋になると集落中のユズが1カ所に集められ、瓶詰されたユズ果汁は、地元はもちろん業務用としても販売されました。

そんな頃、1カ所に集められたユズの残渣が田んぼに山積みになっている様子を見て、農家のお母さんたちがしきりに、もったいない、なんとかならないものかと思案していました。ジャムとマーマレードを作って販売することになり、地元の普及員さんが熱心に指導してくださったおかげもあり、農家のお母さんたちは2次加工品の製造と販売をどんどん行なっていきました。子育ても孫守りも卒業したおばあちゃん世代

山の上にある平井集落。棚田のような小さな畑でユズがつくられている

は、あれよあれよという間に5500万円の売り上げを稼ぎ出す、「古座川ゆず平井婦人部」という和歌山ではちょっと有名な存在になったのです。

後にいただくことになる表彰状の数々、大手ファーストフードチェーン・モスフードサービスへの「柚子ドリンク」販売事業などは、このおばあちゃん集団の活動あってのものです。「古座川ゆず」というブランドを確立する重要な役割を果たしました。

紆余曲折を経て、集落で農業法人を設立

しかし有能な働き手のおばあちゃん集団も年齢には打ち勝つことができません。「このまま誰かにユズ畑を譲ってしまいたい」「誰か買い取ってはくれないだろうか」と思い始めました。地元の農協も全国的なユズ果汁の販売不振により、搾汁事業の撤退を検討していました。このままこの集落も衰退していくのでは……。

そこで住民の多くが出資をし、ユズの生産から加工・販売までの事業を、集落の皆でやるための法人を作ることになったのです。簡単に書いてしまうと怒られそうなほど、組織を立ち上げるまでにはたくさんの紆余曲折、苦労したことがありました。夜な夜な開かれた会合は数え切れず、いったんはご破算になった法

人化も県と町の行政の皆さんの後押しのおかげで、平成16年4月に、62名の参加者が1口3万円を出資して、「農事組合法人・古座川ゆず平井の里」（以下「平井の里」）の設立を果たすことができました。

主なユズの加工品。全部で24種類。全国に散らばる地元出身者にダイレクトメールを送って販売し、口コミでどんどん売れるようになった。原料はユズだけでなく副原料の野菜も地元の農家から買い取り、生産者から喜ばれている

廃校になった小学校を加工所にして、お母さんたちがユズの加工品をつくる

当初、「主婦の小遣い稼ぎ」と言われ、農家の男性陣に煙たがられる存在だった加工所のおばあちゃんたちの活動は、ユズ産地を守るための柱だと集落の皆さんが認めてくれたのです。廃校になった小学校に新たに加工所を建て、その後も加工事業は成長していきました。事業の拡大は人手が必要となるので、地元の若年層の雇用にもつながってゆきました。現在、従業員22人のうち、18人はUターンなどでここに戻ってくれた人たちです。

そして何より、ユズの皮を利用したジャムやマーマレード、ジュースやポン酢の製造は、ユズの買い取り単価の安定につながりました。市場価格の3割増しくらいの値段で買い取っています。

法人の若い従業員がユズの放棄園を管理

しかしその頃「古座川ゆず」の栽培者の平均年齢は72歳。法人発足当初から、「条件の悪い畑は来年もうつくりません」と、少しずつユズの栽培面積が少なくなっていきました（最盛期20ha→14ha）。販売面では大勢の方の支援もあり順調に伸びていたので、原材料としてのユズの確保に不安が出てきました。何より栽培放棄園は集落の居住空間を狭めます。誰も入らなくなっ

法人でユズ畑を守りながら後継者を育てるしくみ

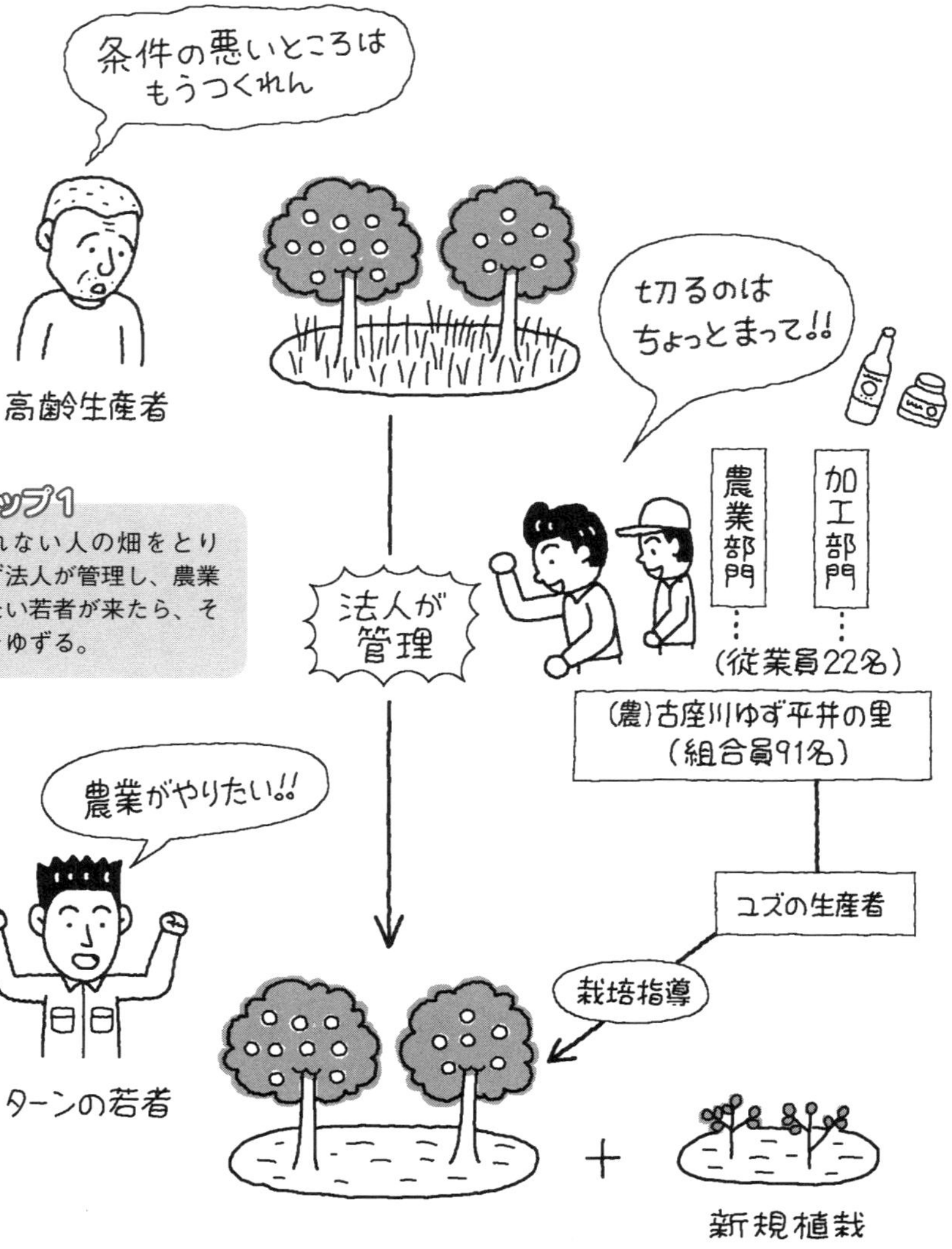

ステップ1

つくれない人の畑をとりあえず法人が管理し、農業をしたい若者が来たら、その畑をゆずる。

ステップ2

Iターンの若者には、生産者（組合員）が技術を教える。一人で管理できるようになったら、新規に植える苗を法人が提供し、農家として独立してもらう。

た畑のユズは葉っぱが黄色くなり、カヤが生い茂ります。放棄園の大半は平井地区が所有する山なので、昔から「切って返す」というルールがありました。

せっかく大変な思いで植えられたユズの木が一瞬にして切られてしまうことが残念でなりません。「切らないで！　ちょっと待って。『平井の里』でつくるから」と、最初は「平井の里」総務部の若い女性2名と製造部門の男性従業員2名がカヤを刈る作業から始めました。その後は、ベテラン農家である理事の指導のもと消毒やせん定を教わりながら栽培管理を行なうようになりました。

平成21年に農業部門を作り、地元の37歳～44歳の男性職員3名が、専属でユズ園の管理や加工材料用の野菜を栽培しています。法人の管理面積は約80aです。

さほど多くなっていないのは、町内のIターン者に管理園を譲っているからです。放棄園を法人がとりあえず引き受けて、Iターン者に引き渡すまでの管理をし、引き渡し後は地元の高齢農家が指導して、軌道に乗ってきた頃に、法人が新規植栽の苗木のお世話をするという具合になっています。

こうした取り組みは、法人を作り、若い人を雇用できたからこそ、生まれたのだと思います。農業部門の経営は正直厳しく、課題も山のようにありますが、一人でも多くの仲間を増やすことが産地とふるさとを守ることにつながっていくと思います。つい先日も「ユズをつくってみたい」と、県外から2人の若者が「平井の里」を訪ねてきてくれました。とても嬉しい出来事でした。

ユズの栽培面積が増えてきた

現在、「平井の里」の組合員は91名になりました。集落戸数より多いのは、古座川町内でユズをつくる方々も参加してくれるようになったからです。町内でのユズの栽培面積は近年増えつつあります。行政の苗木への助成金支援のおかげもありますが、当初14haに落ち込んだ栽培面積が、今は17haになりました。

私たちはユズ栽培歴40年を超えるこの集落の「ユズへの思い」を大切にし、後世に残してゆきたいと考えています。美しい山の景色や古座川の澄み切った水は自分たちがここで暮らすことで守っていきたいと心から願っています。受け取ったバトンを子供たちに引き継ぐために、これからも力を合わせてがんばっていきたいと思います。

（くらおか ゆみ　『現代農業』2013年1月号掲載）

畜産編

集落営農で上手に牛を導入するためのポイント

山口県畜産振興課　島田芳子

集落営農で牛を導入する事例が増えてきた

山口県では昭和60年代から、牛舎周辺の水田を有刺鉄線など固定式の柵で囲い放牧を行なう「水田放牧」が始まりました。平成12年頃からはソーラー式電気牧柵や殺ダニ剤の普及により、「移動放牧」という新たな形の放牧に発展しました。これらの放牧を本県では「山口型放牧」と位置付けて県全域への普及に取り組んでいます。

山口型放牧は簡単に設置できる電気牧柵により、耕作放棄地等でも放牧が可能です。農地保全と牛の飼養管理の省力化が図れるため、放牧を実施した耕種農家と畜産農家の両方から高い評価を受けています。さらに最近では山林と田畑の間に放牧することで、放牧地がイノシシやサルなどの田畑への侵入を防止する緩衝帯となることから獣害対策としても注目されています。

本県では県事業で電気牧柵の購入補助を行なうほか、市町村やJAと連携して技術的なサポートを行なうなど、積極的に集落営農法人での放牧を推進してきたところ、畜産とは縁のなかった集落営農が放牧を行なう事例も増えてきました。現在では8つの法人が放牧に取り組んでいます。中には法人自ら牛を新たに飼い始める事例も出てきました。

そこで今回は、放牧の準備から牛を飼い始めるまでのポイントを本県の事例を踏まえてご紹介します。た

郵便はがき

おそれいります
が切手をはって
お出し下さい

1078668

(受取人)
東京都港区
赤坂郵便局
私書箱第十五号

農文協
http://www.ruralnet.or.jp/
読者カード係 行

◎このカードは当会の今後の刊行計画及び、新刊等の案内に役だたせていただきたいと思います。　はじめての方は○印を（　）

ご住所	（〒　－　） TEL： FAX：
お名前	男・女　歳
E-mail：	
ご職業	公務員・会社員・自営業・自由業・主婦・農漁業・教職員（大学・短大・高校・中学・小学・他）研究生・学生・団体職員・その他（　）
お勤め先・学校名	日頃ご覧の新聞・雑誌名

※この葉書にお書きいただいた個人情報は、新刊案内や見本誌送付、ご注文品の配送、確認等の連絡のために使用し、その目的以外での利用はいたしません。

- ご感想をインターネット等で紹介させていただく場合がございます。ご了承下さい。
- 送料無料・農文協以外の書籍も注文できる会員制通販書店「田舎の本屋さん」入会募集中！
  案内進呈します。　希望□

■毎月抽選で10名様に見本誌を1冊進呈■（ご希望の雑誌名ひとつに○を）

①現代農業　②季刊 地 域　③うかたま　④のらのら

お客様コード □□□□□□□□□□

S11.08

お買あげの本

■ ご購入いただいた書店（　　　　書店）

●本書についてご感想など

●今後の出版物についてのご希望など

この本をお求めの動機	広告を見て（紙・誌名）	書店で見て	書評を見て（紙・誌名）	出版ダイジェストを見て	知人・先生のすすめで	図書館で見て

◇ 新規注文書 ◇

郵送ご希望の場合、送料をご負担いただきます。

購入希望の図書がありましたら、下記へご記入下さい。お支払いは郵便振替でお願いします。

（書名）	（定価）¥	（部数）　部
（書名）	（定価）¥	（部数）　部

だ、地域によって状況も異なりますので、実際に放牧を行なう際は県や市町村等にご相談のうえ行なってください。

山口型放牧の実証展示の様子

初めて放牧する際に知っておきたいこと

▼地域住民に理解してもらうために実証展示を

放牧を行なう際は、まず地域住民に放牧について理解してもらう必要があります。本県では放牧の普及を進めた当初、山口型放牧の効果を多くの人に認識してもらうために、放牧の実証展示を行ないました。

なるべく地域住民の目の届きやすいところ、たとえば住民がよく使う道路沿いの耕作放棄田などがあれば、そこを実証展示にすると効果が大きいと思われます。実際に放牧を見てもらい、荒れた農地や山林がきれいになっていく姿を住民に実感してもらう方法として実証展示をおすすめします。

▼山口型放牧では2頭1組が基本

山口型放牧では、基本的に妊娠した和牛の繁殖雌牛2頭で行ないます。牛は元来群れで生活する動物のために2頭1組を基本に放牧しています。

繁殖雌牛は妊娠60日以降から分娩2カ月前まで放牧することができますが、健康状態を良好に保つように心がけるだけで、日々の糞出し作業等が必要なくなるので飼育管理は容易です。

500ℓのタンクを設置した水飲み場。牛が飲めるようにコンテナに水を引くようにしている

▼初めての場合は放牧に慣れた牛で

本県では牛を飼っていない方も放牧を始めやすいように、県畜産試験場から放牧によく慣れた牛の貸し出し（レンタカウ）を行なっています。また、畜産農家にも放牧可能な牛を「レンタカウバンク」に登録していただき、畜産農家からの牛の貸し出しを行なっています。

このような制度がなくても普段放牧をしている畜産農家に借りるという方法もあります。初めて放牧を行なう際はぜひ放牧に慣れた牛を使ってください。

▼草が十分にあれば10ａからでも放牧できる

山口型放牧は、放牧中にエサを与えずに放牧地にある草だけで飼育するため、放牧地の面積や草の量により放牧期間が決まります。たとえば２頭１組で入れる場合、草の量が十分あれば、放牧面積は10ａからでも可能です。その場合は１週間程度の放牧ができます。

牛は踏み倒した草や糞がついた草は食べないので、放牧地が１ha以上ある場合は、牛の行動範囲を制限するために30ａ程度に区切って順に放牧を行なうと無駄なく草を食べさせることができます。

▼最低限必要な道具は電気牧柵

放牧には電気牧柵の設置が必要です。電気牧柵一式（ソーラーパネルやバッテリーなどの電牧器、電牧線、支柱の３点セット）は、30ａ規模だと11万～15万円程度で購入できます。

電気牧柵は草が触れると漏電してしまうため、電気牧柵の設置場所は事前に草刈りをしておくことも大切です。集落営農のメンバーの力を借りれば、電気牧柵の設置や草刈りは早く楽しくできると思われます。

草の生い茂った耕作放棄地に放牧すると、このように牛がきれいに草を食べてくれる

▼放牧には水飲み場の確保も必要

夏場には牛は1日最大45ℓ程度の水を飲むため、放牧地には飲み水の確保が必要です。水路や湧水がきれいな場合はそれらを水飲み場として利用できます。ただし水源が近くにない場合は給水タンクを設置します。給水タンクは100ℓ以上の容量が必要です。県内では使わなくなった風呂桶を使用するなど、費用をかけない工夫も生まれてきています。

▼毎日一度は牛の様子を観察する

放牧中は、毎日一度は牛や放牧地の観察を行なう必要があります。草をちゃんと食べているか、痩せていないかなど牛の様子を見ると同時に、電気牧柵の電圧や草や飲み水の量を確認します。この確認作業は集落営農で当番などを決めて複数の人で行なえばよりラクになると思います。

また、ダニが媒介する病気を予防するために殺ダニ剤を放牧開始時と終了時および放牧期間中は1カ月間隔で牛に塗布してください。

なお、放牧時には牛が脱柵して交通事故等が発生する場合があります。そうした不慮の事故に備えて、牛を借りる際は牛の持ち主と家畜共済への加入の有無や事故、病気等が発生した場合の対応について事前によく話し合っておくことも大切です。

▼草の量や牛の様子で放牧を終える時期を判断する

山口型放牧では、放牧地の草がなくなると牛を他の放牧地に移動させるか牛舎に戻すようにしています。放牧終了は草の残量で決めますが、牛が電気牧柵の外へ首を伸ばして草を食べていたり、人を見るとエサをもらえると思って走って近寄ってきたりする場合は、牛の食べる草がなくなっていることが多いので、放牧を終える目安にしてください。

また、放牧終了時などに牛を捕獲しやすいように、本県では捕獲用の移動式スタンチョンを設置しているところもあります。フスマや糖蜜などで作った携帯用飼料を放牧中から与えて人に慣れさせておくことも大事です。

実際に牛を購入し飼うとき知っておきたいこと

牛を放牧して効果が実感できてくると、放牧地をもっと増やしていこうと思い始めるかもしれません。さらには、集落営農で自らの牛を放牧したいという考えが出てくるかもしれません。ここからは、そうした場合の流れや注意すべき点について紹介します。

放牧終了時に牛を捕獲しやすくするために作成した移動式スタンチョン。軽量なので2人で持ち運びができる

▼牛の購入は家畜市場で

放牧に用いる妊娠牛や妊娠していない経産牛、育成牛などは、一般的に家畜市場で購入できます。放牧は2頭1組で行なうため、牛の年齢や体格、妊娠牛であれば分娩時期が揃うように放牧の計画を立ててから購

入してください。

牛の購入価格は市場・時期・牛の年齢や状態によりさまざまですが、本県の市場では15万～35万円程度で取引されています。

放牧馴致の様子。電気牧柵の外からエサで誘導し、牛が電気牧柵を覚えたか確認しているところ

▼冬場は簡易牛舎がほしい

晩秋から春までの草がなく放牧ができない時期や、分娩、子牛育成をする際は牛舎が必要となります。本県では放牧を契機として牛を飼い始めた方の多くは、少頭数から飼い始めるため、大がかりな牛舎ではなく既存のビニールハウスなどを利用した牛舎、廃材や鋼管パイプ（単管パイプ）などを利用した低コストな牛舎を作っています。

▼予防注射代や牛の登録料なども必要

牛を飼う際に必要な経費には、放牧時期以外の飼料費のほかに、予防注射などの衛生費、牛の登録料、人工授精料、敷料費などがあります。２頭１組であれば年間28万円程度必要です。

▼約1カ月間は放牧に慣れさせる訓練を

牛を購入すると、すぐに放牧を始めたいと思いますが、多くの牛は人が与える飼料を食べ、牛舎内で飼われているため、放牧前に放牧に慣れる訓練（放牧馴《じゅん》致《ち》）が必要です。牛は自ら草を食べることや屋外環境に慣れる期間が約１カ月間は必要で、電気牧柵に触れないことを覚えさせる必要もあります。

県畜産試験場では放牧経験のない牛を約1ヵ月間農家から預かり放牧馴致を行なっています。方法は鋼管パイプ製の柵内で約1週間放牧を行なった後、柵の内側に電気牧柵を張り、電気牧柵を覚えさせます。牛が何度か電気牧柵に触れて痛いことを知ると、その後近づかなくなります。牛が電気牧柵を覚えたかどうかは牧柵の外からエサで誘導しても牧柵に近づかないかどうかにより確認できます。この方法では内側の電気牧柵を牛が突破しても、外側に柵があるため、牛が外に逃げる心配がなく安心して馴致できます。

愛らしくも頼もしい牛が農地活用の救世主に

地域によっては今後も高齢化に伴う担い手不足により、耕作放棄地がさらに増えていくことが予測されます。イノシシなど野生鳥獣の隠れ場所となる耕作放棄地の解消や地域の景観保全が一層重要となってきています。

耕作放棄地に牛を放すと、牛は姿が見えないくらいに草が生い茂ったところに押し入り、草をおいしそうに食べてくれます。放牧を行なうにつれ草はきれいになくなり、ゆったり反芻する牛の姿が残ります。そんな愛らしくも頼もしい牛が農地活用の救世主になってくれると信じています。一人ではできなくてもみんなの力で農地を守るという集落営農に、放牧という牛の力を借りて農地を維持する方法も考えてみてはいかがでしょうか。牛のいる風景は心が和みます。

（しまだ よしこ　『現代農業』２０１２年12月号掲載）

畜産編

育苗ハウスを有効利用、「やまがた地鶏」を年間500羽販売

山形県酒田市新堀地区丸沼集落

丸沼地鶏組合 齋藤敏喜

イネ・ダイズ以外に取り組めるものを

庄内平野にある「丸沼オペレーター組合」は、平成19年に設立した集落営農組織で、現在87haの水稲と29haのダイズを栽培している。

集落営農をスタートさせた後、経営の多角化を図るために、皆でイネ・ダイズ以外に取り組めるものがないかと検討した。農協の紹介もあって平成22年より、「やまがた地鶏」の飼育に取り組み始めた。やまがた地鶏は県農業総合センターが誕生させた鶏で、肉質がすぐれているといわれている。

集落営農の中に「丸沼地鶏組合」を作り(メンバー17名)、水稲育苗ハウスの有効利用を目的に、初年度は60羽を導入した。

検査用米を混ぜてエサ代を安く

鶏の飼育は、やまがた地鶏振興協議会の管理マニュアルに沿いながら、会社に行く前の朝5時半から3人態勢で給餌給水を行なっている。配合飼料は当初やまがた地鶏専用を与えていたが、あまりに値段が高いので、現在は同成分の別のものを使い、90日齢を過ぎてからはカントリーエレベーターから出た検査用米を2割ほど混ぜ、少しでもエサ代が安くなるようにしている。

鶏を飼育する床にはモミガラを活用。鶏の出荷後に鶏糞入りのモミガラを田畑に散布する。多く入れると

やまがた地鶏の雌。飼育期間はブロイラーの60日に対して約120日と長い。じっくり育てるのでうまみ成分のもとであるアミノ酸比率が高いのも特徴

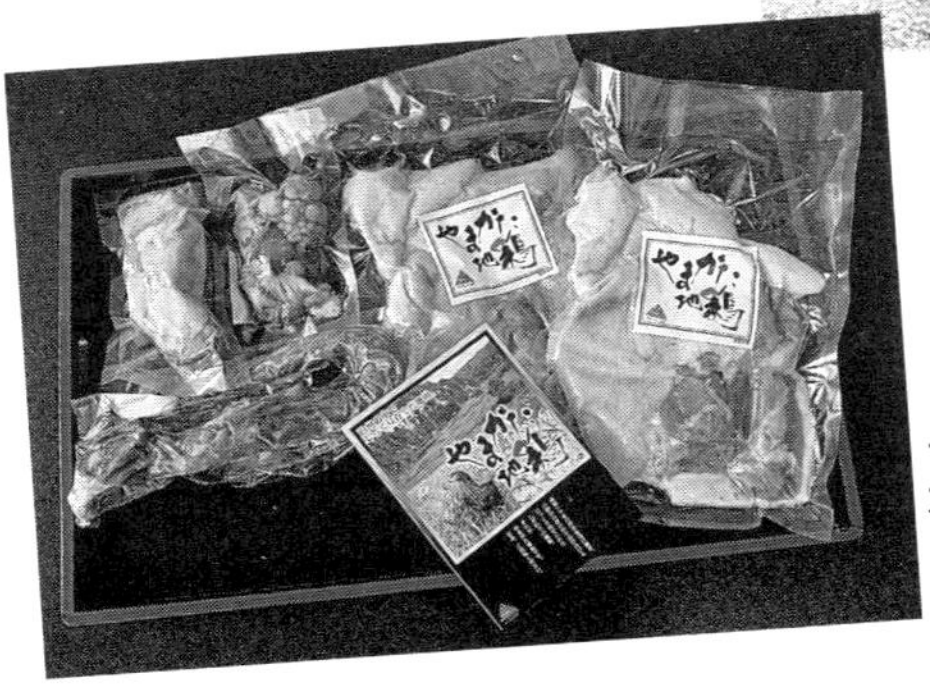

モモ肉やモツ、皮、ガラなどの品揃え

ダイズは倒伏するので注意しながら使っている。

2年目の昨年は500羽を完売

ひな鶏で導入した地鶏は28日齢になると1㎡当たり10羽以下の平飼いで雌雄別々に飼育する。雄は120日齢を過ぎて3kgほどの大きさになったとき、雌は145日齢ほどで2・5kgを目安に出荷している。飼育時期はおおよそ年3回。田植え後に入れて夏に出荷するもの（春先にひな鶏を導入して一時別飼い）、夏に入れてイネやダイズの収穫が終わった秋に出荷するもの、越冬で早春に出荷するものである。

1年目は60羽、2年目の23年度は約500羽を販売した。販売先はメンバーの会社（兼業農家）や知人、料理店、地元企業、JA職員が主であるが、やまがた地鶏の地名度がまだ低いこともあり、JAの展示会で試食販売等をしながらPR中である。地元の精肉店からは比内地鶏よりも大きいし、旨みもあるとの評価もある。

肉は真空パックで急速冷蔵してあるので1年間は保存できるが、昨年は2月で完売してしまった。年間通しての販売ができなかったので、

今年度は600羽の出荷を目標に取り組んでいる。

より多くの利益還元を目標に

地鶏を取り入れて3年目となり、飼育に関わることで、メンバーの交流が深くなってきたと感じる。今年度は集落営農の取り組みということで市・JA・全農等から補助金もいただいた。

昨年度の収入は約240万円ほど。支出は廃材利用の鶏舎を作ったこともあり、管理費を含めて210万円ほど。現状では運転資金が必要な段階なのでまだ会員に利益が還元されていないのが実態である。

来年度からは母鶏の系統が変わるので、より大きな鶏が出荷できると思われる。収益性が増すものと期待している。飼育羽数も増やしていき、会員により多くの利益還元ができるようになることを目指している。

（さいとう としき『現代農業』2012年12月号掲載）

畜産編

集落営農でヒツジを放牧

島根県出雲市佐田町飯栗東村地区

㈲グリーンワーク社長　山本友義

田んぼの法面に放牧されるヒツジたち

広い法面の草刈りにヒツジの力を借りよう

農業法人㈲グリーンワークは、島根県出雲市佐田町飯栗東《いいくりひがし》村地区の5集落80戸の農家で形成されています。集積農地での水稲栽培を行なうとともに、佐田町内一円での作業受託も実施し、地域の稲作作業の受け皿としても機能しております。現在の水稲集積面積は約16haです。

会社の特徴は、農業以外の分野にも携わっていることです。おもな事業内容は、介護支援サービス、弁当の配食サービス、森林公園の管理受託、冬場の灯油配達受託やヒツジの放牧などです。「地域とともに地域のために」を会社のモットーに、地域貢献型営農を目指し取り組んでいます。

農外部門の取り組みで注目されている事業にヒツジの放牧があります。機械化されてきた農作業の中で、草刈り作業だけは手作業の重労働です。とくに山間地の水田は、作付面積より草地面積のほうが広く、年間の草刈り作業は農家にとってもっとも重労働となっています。

近年草刈り管理ができず、やむなく耕作放棄をするお年寄り農家が増えています。その草刈り労力の軽減と、耕作放棄防止を図るのを目的に、平成17年から実験的に取り組みました。

集団で飼うならヤギよりヒツジ

当初、放牧する動物は何にするかを皆で検討しました。まず一般的な牛の放牧をと思い、町内の畜産農家からよく馴れたおとなしい牛を借り放牧しました。しかし、里山や完全な耕作放棄地とは違って、耕作水田周囲での放牧ではアゼや作業道、法面の崩壊が見られ、草刈り作業の軽減を目的とした放牧には適さないと判断し中止しました。

また、ヤギは草の選り好みがあり、集団で行動することがあまりなく、つないで飼育するのが一般的なので、集団放牧には向かないとの判断で見合わせました。

いろいろ検討した結果、優しくてか弱い動物に例えられ、人になつき共存ができ、管理が比較的簡単なヒツジに決定しました。またヒツジであれば草刈りのための利用だけでなく、刈毛を使い製品化・販売することができると考えました。

品種も良質の毛が取れる専用のヒツジとの思いで探しましたが、近県でヒツジの飼育箇所は少なく品種も限られていました。最終的には羊毛加工もでき入手しやすいコリデール種にし、県内と県外の動物飼育施設から、オス2頭とメス3頭合わせて5頭を譲り受けました。

群れをまとめるにはボスを手なずける

次に、ヒツジの放牧場の囲いをどうするかが問題でした。イノシシ用の電気牧柵を使用することにし、実験的に設置しました。ところが、ヒツジはまったく電気牧柵の経験がないので、3段の横線を簡単にジャンプし脱走を繰り返しました。

よくよく観察してみると、一頭の常習犯がおり、その後を追っかけて他のヒツジも脱走することがわかりました。そこで常習犯に電気牧柵の怖さを体験させ教育したところ、脱走することがなくなりました。その後は電牧2段でも脱走することはありません。

また、ヒツジは群れで行動する習性があります。群れはベテランの母親が仕切ります（ボス）。オスも子どもたちもボスの後をついて行動します。したがって、まずボスと仲良くなり支配下に置くと、群れ全体をまとめることができます。

ヒツジ人気で渋滞が起きる

地域の人からは、自然の景観とマッチし昔懐かしい風景と情緒を感ずると好評です。また、道行く車が停車してヒツジを眺めるので交通渋滞が起きることもあります。愛嬌のよいヒツジは人間の心を癒してくれています。

放牧効果も大きく、年間4回から5回はやっていた畦畔の草刈りや、周辺の草刈りを1回もすることがなくなりました。

現在は5カ所の放牧場で32頭を放牧していますが、放牧依頼が多いので、とりあえず現在の倍の頭数を目指して事業拡大を進めていく考えです。

地元の子どもたちにもヒツジは大人気

羊毛加工部門「メリーさんの会」も設立

刈り取った毛を有効に活用するために、平成19年「メリーさんの会」を設立、活動の拠点となる工房も翌年会社の敷地内に建設しました。社員の女性の皆を中心に、地域外の会員も加わり現在10人が活動しています。

ヒツジの飼育と毛刈りは親会社のグリーンワークが行ない、刈った毛は無償でメリーさんの会に提供。メリーさんの会は洗浄からほぐし、染色や、紡ぎ、そして毛糸製品作りから販売まで行ないます。経営は独立採算制です。

また講習会や研修会、保育園児や小学生を招いての毛刈り大会なども定期的に実施しています。

作業工程はおよそ次のとおり。5月下旬に毛刈りを行ない、6月から8月に洗浄。9月以降紡ぎ・編み作業・織り作業や染め作業などを行ないます。通常の活動は毎週月・水・金曜日の午前中は工房で、それ以外は各会員がそれぞれ工房なり家庭で余暇を利用しながら製品作りをしています。

おもな製品は、ベスト・マフラー・小物類・手袋・靴下や毛糸玉などなどです。皆さんに喜ばれる地域特産「窪田ウール」（窪田は地区名）を創り出すために、全工程に責任を持つ努力をしています。お陰様でその年に刈り取った毛は、製品として年内に完売し、翌年の予約注文をいただいています。

今後は頭数が増えて作業量も増えます。製品販売の促進も図っていかなければなりません。会員募集と技術力の向上に力を入れ、地域のミニ産業になることを目標に頑張ります。

（やまもと ともよし『現代農業』2012年2月号掲載）

「メリーさんの会」の製品。糸紡ぎから編み・織りまで、すべて手作業で作る

PART 4

上手な機械利用

セルフケア研修で技を身につけてコストダウン

滋賀県米原市・(農)近江飯ファーム

編集部

機械屋さんに丸投げしたら修繕費が跳ね上がった

米原《まいばら》市にある農事組合法人・近江飯ファーム。経営規模は小さいほうだが、地域の結束力を高めて「集落内自給構想」を掲げている集落営農だ。代表の川崎源一さんに聞いてみた。

「農業経営でいちばん高くつくのが機械代ですよ。この村でも個人個人が自己完結で米をつくっていたら、機械代は一軒当たり800万円はかかります。それが20人いれば1億6000万円。大きいですよ。でも集落営農だったら同じ面積でも3000万円くらいで済むんです。1億3000万円の節約。集落営農をやると機械代はこれくらい減らせるんですよ」

なるほど。たしかに一番の機械代減らしは集落営農をやることだ。だがそのうえで今回は、修繕・更新費用のことが知りたい。修繕費などは年間どれくらいかかっているのだろう。

「そうですねぇ。うちではそんなに大きな機械は入れてないんですが、去年1年で100万円くらいです」

これは主に近所の機械屋さん（ヤンマー農機販売）にお願いするトラクタやコンバインの点検整備費用。100万円というと、ちょっと大きいような気もするが、じつは2年前はもっと多くてこの2倍近くかかっていたという。原因は、トラクタやコンバインを整備に出すときに、メンテナンスや掃除をやらずにほぼ丸

近江飯ファームで行なった農機のセルフケア研修の様子

投げにしたことらしい。

「コンバインは掃除をするかしないかで1台5万円くらい違うんです。たいしたことないと思っていたんですけど、1年終わって決算見たらビックリでした。190万円。こりゃ大変だってことになったんです」

機械の不具合にすぐ対処できるようになった

自分たちでやれることは自分たちでやろうということで、ヤンマー農機販売のプロの人に来てもらって機械の構造やメンテナンス方法を教えてもらうことにし

(農) 近江飯ファーム

経営面積28 ha
(イネ15 ha、麦7 ha、大豆7 ha、野菜1.3 ha)
構成員43名

〈主な農業用機械〉
・トラクタ:3台 (すべて33馬力)
・田植え機：2台 (5条、8条)
・コンバイン:3台 (4条刈り2台、汎用1台)
・乗用管理機：1台

〈年間の主な農機修繕費〉
・約100万円 (2010年)

※整備点検等で機械屋さんに依頼したものと自前で修理したときの部品代

コンバインのVベルトは触ってみると交換時期がわかる

セルフケア研修のときに配られた資料

コンバインのクローラ部分にある隠れた注油場所。指差しているところのキャップをとると注油できる

た。セルフケア研修だ。お願いすると、快く引き受けてくれた。しかも経費はタダ。20人くらいのメンバーが集まった。

「コンバイン、トラクタ、田植え機の3つの講習をひと通り受けたんですが、今まで知らなかったことがいろいろありました。コンバインだったら注油の場所がキャップの中の隠れたところにあるんです。Vベルトも手で触った感じで交換の目安がわかるようになりました。掃除も目に見えるところだけじゃなくて、カバーをあけて、こぎ胴まで外してできるようになりましたからね。知らない部分をいじるのは怖いから、こういうことは教えてもらわないとできませんね」

とくに研修の効果を実感したのは、イネ刈りのときだ。コンバインを走らせていたらクローラ近くでキュウキュウという異音が鳴った。見るとベアリングがいかれていることがわかった。すぐ交換。30分で対処できたのだ。

「もし研修を受けていなかったら点検せずにそのまま使ってたでしょうね。ベアリングが潰れて動かなくなっていたかもしれません。大事な時期にコンバインを何日も入院させたら大変なことですよ」

こうして自分たちで修理やメンテナンスができるようになったおかげで修繕費も大幅に減った。

機械屋さんと上手に付き合うことも大事

ただし、何でも農家が自分たちでやるようになると機械屋さんの稼ぎが減ってしまわないかと余計な心配もしてしまう。しかし実際に機械屋さんに聞いてみると、そんなことを考える必要はまったくないという。シーズンになると機械屋さんはメチャクチャ忙しい。そんなときに何もわからずに呼び出され、駆けつけても修理以前の問題だったなんていうことだと、かえって疲れる。ある程度機械に詳しくなって、どこが問題なのかをいってくれる農家のほうがずっと有難いという。

また、近江飯ファームでは機械屋さんが来たときに、「草刈り機を欲しがってる人がいる」「マメトラを欲しがってる人がいる」なんて情報を教えてあげたこともある。機械屋さんにとっても集落営農が上客になってくれるとメリットは大きい。機械屋さんとは上手に付き合って、いろいろな情報交換ができれば、集落営農の機械代減らしにはとても役立つ。

それと、農機は同じメーカーのものを揃えておくのも大きいと川崎さん。たとえばコンバインの交換用ベルトを1本用意しておけば、ほかのコンバインにも使えることがあるので取り置きのムダが減るからだ。

機械更新の積み立てはこれから

それでは、機械の更新費用はどう考えているのだろう。

「いまのところ大きな故障もないので更新のための積み立てはまだ考えてないですね。でもこれは正直、難しい問題なんですよ」

近江飯ファームの目標は「村の財産を守る」こと。村を守りに来てくれる人に労賃を出す。それが村への還元にもなるので、できるだけ多くの人に来てもらいたいと川崎さんは思っている。そういう考えのなかで、どのようにお金を回すか。機械代を優先するか、人件費を優先するか、そのさじ加減が難しいというのだ。いまのところ経営はうまく回っているが、古い機械もあるのでそろそろ更新費用の積み立ても考えていきたいという。

（『現代農業』２０１１年12月号掲載）

修理やメンテはすべて自前で制度も上手に使う

滋賀県野洲市・㈱グリーンちゅうず

編集部

中古機械をとことん使いきる

経営規模が滋賀県内でも一番大きいといわれる野洲市の株式会社グリーンちゅうず。90馬力級の大きなトラクタやコンバインがズラリと揃っている。代表取締役の田中良隆さんに聞いてみた。

「うちはトラクタやコンバインの修繕費はかかっていません。ゼロです。機械の整備士を２人置いているんですよ。だからメンテや修理は外注しないで全部自前でやってます。その代わり部品代はかかりますよ。去年で約８２０万円。でもたいがいのものは揃えてますから、ＪＡの農機センターとか近所の機械屋さんが借りにくることもあるんです」

田中さんが組織を立ち上げるとき、機械に強い人と営農の強い人に声をかけ３人でスタートしたという。整備士の１人はそのときからのメンバーだ。地域で請け負った田んぼは飛び地も多かったので、それをカバーするためには機械の機動力を上げるしかなかった。ただし機械は新品で購入するとすぐに経営を圧迫するので、すべて中古で新品の４分の１くらいの値段で購入し、それをとことん使いきるという方針でやってきたのだ。そうした努力の結果、現在も無借金経営が続いている。

いまでは機械専門のスタッフがいるということで、機械で困ったときに地元の農家がここへ来ることもあるという。集落営農が地域の機械屋さんの役割まで担

グリーンちゅうずの機械整備場。すべてここで修理する。このコンバインは7年目で使用時間が1400時間を超えている。ふつうは1000時間くらいが交換の目安だが、10年で2000時間使うのが目標

分厚いコンバインの部品表。これがあると細かい部品も取り寄せできる

っているかのようだ。

人件費をみても専門スタッフを設置したほうがいい

ただ専門のスタッフを置く場合、気になるのは人件費。修理の内容によってはとても時間がかかるので、時給制や日払い制だとかえって経費がかさんでしまうことも考えられる。その点、グリーンちゅうずは株式会社にしているので専門スタッフは社員。給料制なのだ。田中さんは経営的にみてもこのスタイルのほうがいいという。もちろん専門スタッフといっても、修理

㈱グリーンちゅうず

経営面積165ha
(イネ113ha、麦57ha、大豆53ha、野菜2ha)
役員、正社員11名、パート他2名

〈主な農業用機械〉

- トラクタ:18台(95馬力2台、90馬力、87馬力、85馬力ほか13台)
- 田植え機:3台(すべて8条、側状施肥田植え機)
- コンバイン:9台(6条刈り3台、汎用6台)
- 乗用管理機:2台

〈年間の主な農機修繕費〉

- 機械屋さんに依頼する修繕費 0円(2010年)
- 自前で修理したときの部品代 約820万円(2010年)

などの仕事がないときはほかの仕事をするというのが前提だ。

一方で、機械のメンテナンスは機械屋さんにすべて頼み、空いた時間を他の仕事に使ったほうがいいという考え方もある。でも田中さんは機械のことは、自分たちでやるほうが断然いいという。

「だってロスがないでしょ。作業の途中で不具合が起きたとき、機械屋さんに頼んでもすぐ来てくれるわけじゃないんです。その時期は忙しいですからね。もし来てくれてもその場で修理できなければ2、3日機械を入院させないといけないなんてこともある。でも自前ならすぐに対処できますからね。これは大きいですよ」

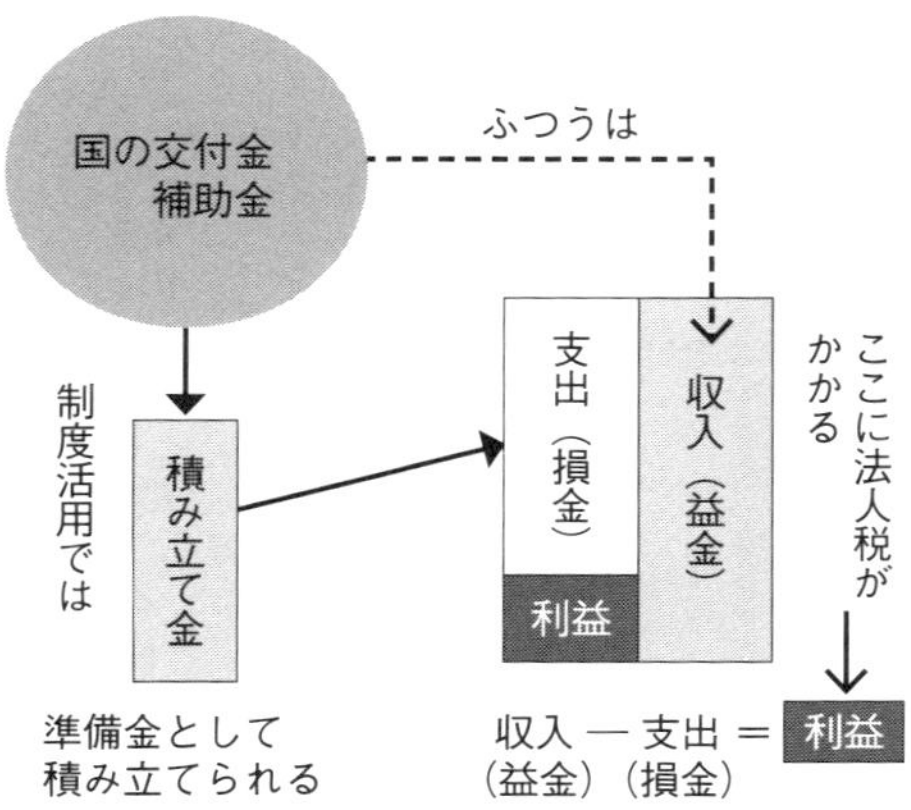

交付金はふつう収入になるので税金がかかるが、この制度を使って積み立てたお金は税法上損金として算入できる。損金が増えると利益が減るので法人税が安くなる

図1　農業経営基盤強化準備金制度のメリット

更新の積み立ては制度を上手に使う

次は機械を更新するときの費用の積み立て方について。グリーンちゅうずでは「農業経営基盤強化準備金」という制度をうまく使っているという。

これは、認定農業者（個人・農業生産法人）や特定農業法人といった担い手が対象となる制度で、そもそも農機や農地の取得を助けるために作られたもの。国の交付金や補助金を5年間積み立てることができて、税金の申告をするとき、その積み立てた金額を、法人の場合は損金として（個人の場合は必要経費として）算入できる。そこが大きなメリットだ。簡単にいうと、税法上、積み立てた金額を損金（必要経費）として扱えるので、法人税が安くなるわけだ。

たしかに、このような制度をしっかり使うのも経営をうまくやり繰りするひとつの方法だ。


（『現代農業』２０１１年12月号掲載）

「農業ど素人サラリーマン集団」だから赤字にならない経営の見方を持っている

滋賀県近江八幡市・(農)ファームにしおいそ

編集部

機械が古くなれば修繕費は高くなる

経営面積が近江飯ファームの2倍くらいの農事組合法人・ファームにしおいそ。

ファームにしおいそといえば、作業ごとにトラクタのエンジン回転数を変えての油代減らし、堆肥を基本にした施肥設計での肥料代減らしなど、サラリーマン持ち前の管理能力を活かして生産工程を隅々までチェックして徹底的にコスト削減に努めてきた集落営農だ。「目標は国の助成金なしで自立してやっていける経営を確立すること」だと代表理事の安田惣佐衛門さん。

もちろん機械代の削減にも努めてきた。消耗品の交換やメンテナンスなど、自分たちでできることはすべ

(農)ファームにしおいそ

経営面積51ha
(イネ39ha、麦14ha、大豆13ha、小豆0.6ha、野菜2.5ha)
構成員82戸
(出役できる人数は64名)

〈主な農業用機械〉
- トラクタ：5台(83馬力、75馬力、55馬力2台、38馬力)
- コンバイン：3台(6条刈り2台、汎用1台)
- 田植え機：2台(移植用6条1台、直播用6条1台)
- 乗用管理機：2台

〈年間の農機修繕費〉
- 約400万円(2010年)

※整備点検等で機械屋さんに依頼したものと自前で修理したときの部品代

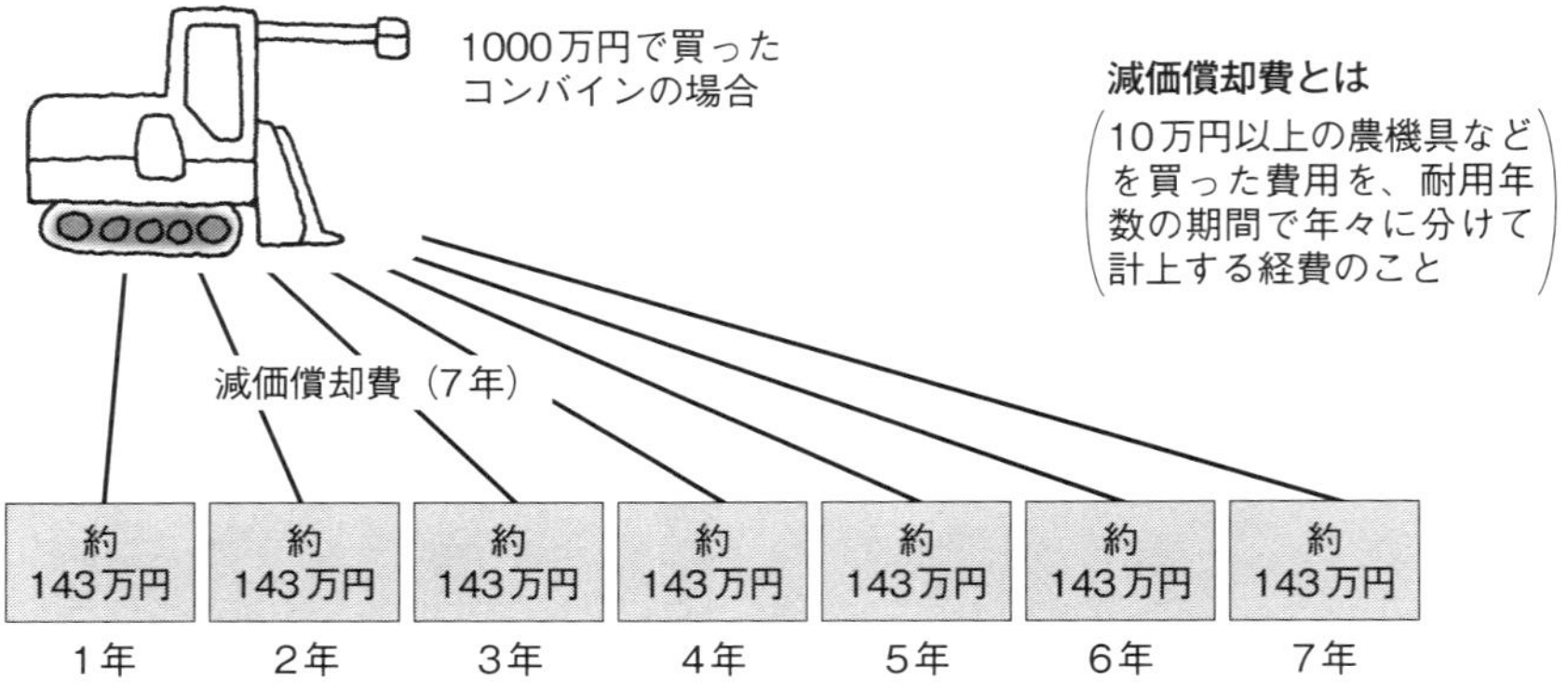

修繕費がその年の減価償却費を上回った場合は大きな損になる。右の例なら、新品を買ったほうが年間7万円も経費が安くなる

その年の減価償却費	その年の修繕費（コンバインにかかったもの）	経営的に見ると
143万円	＜ 150万円	×
143万円	＞ 80万円	○

図2　修繕費が当年の減価償却費を上回っていなければ経営的には大丈夫

てやってきた。また最近は「機械作業日報」を作り、機械1台ごとに、いつどこでどんな作業をしたか、どれくらい修繕費がかかったかわかるように記録をとり始めている。そんなファームにしおいその年間の機械修繕費は約400万円。

「私たちのところは法人にして2年目ですけど組織を立ち上げてからは9年になります。いまがちょうど機械の更新時期なんです。購入した当初は故障も少ないので修繕費は年間180万円くらいでした。でもガタがくると修理が多くなるので修繕費も高くなってくるんです」

修繕費が当年の減価償却費を上回っていなければ大丈夫

たしかに修繕費400万円は少し高いようにも思える。でも安田さんにいわせると、これでも経営的には問題ない数字。なんでもサラリーマン集団ならではの「赤字にならない独自の経営の見方」を持っているという。その見方とは「修繕費がその年の減価償却費を

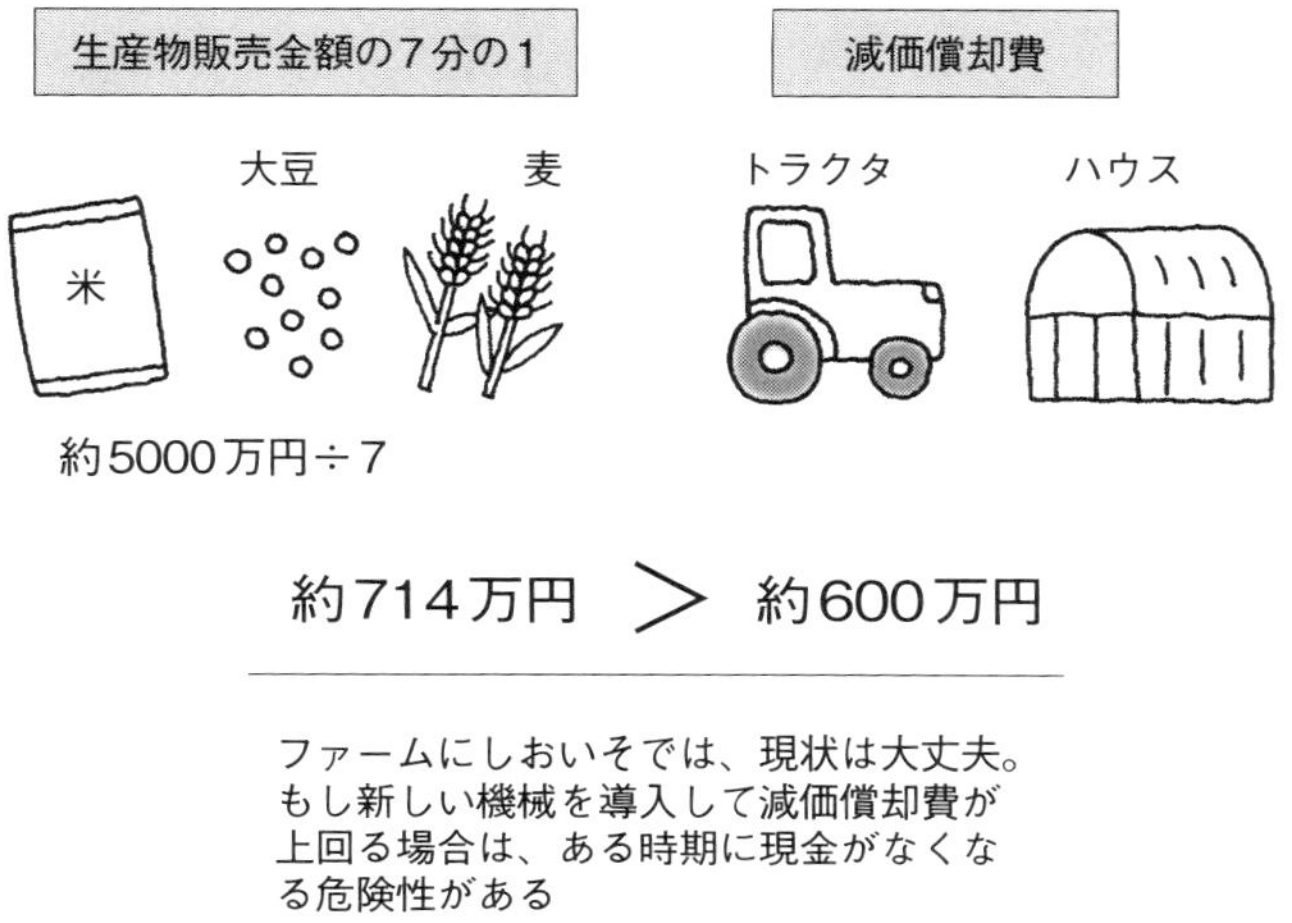
生産物販売金額の7分の1
減価償却費
大豆
麦
米
トラクタ
ハウス
約5000万円÷7
約714万円 ＞ 約600万円
ファームにしおいそでは、現状は大丈夫。
もし新しい機械を導入して減価償却費が
上回る場合は、ある時期に現金がなくな
る危険性がある

図3　減価償却費が当年の生産物販売金額の7分の1以下なら赤字にならない（ファームにしおいその場合）

上回っていないかどうか」というものだ。もし上回っているなら赤信号。そうでなければ大丈夫だと安田さん。

具体的にいうと、たとえば1000万円で買ったコンバインがあったとする。農機の減価償却は7年（法定年数）だから、1年の減価償却費は1000万円÷7年で約143万円。これに対して、そのコンバインの修繕費が150万円かかったとする。微妙なところだが、この場合、修繕費が減価償却費を上回ることになる。そうなると経営的には赤信号、損をしていることになるという。

なぜかといえば、1000万円で新しいコンバインを買ったほうが経費として安くなるからだ。ただしまだ買って2年目くらいの新しいものだったら様子を見る必要はある。大きなトラブルがなくて、自然発生的に修繕費が150万円くらいかかるようになったら、更新したほうがいいというのが安田さんの見方。

「税法上では買った機械は減価償却をしなきゃいけないわけでしょう。新品を買えば1年にかかる経費は143万円ですけど、古いのを使い続けると150万円かかる。だから7万円も高いわけですよ。これがムダ。もし新品を買えば故障もしませんから修繕費も少なくなる。そのほうがずっと得ですよね。こういう計算はふつうあまりやらないと思います。でもそれで損をしていることがあると思うんです」

細かくみると黄色信号

考え方はわかったが、ファームにしおいそでの現状はどうなんだろう。

現在の減価償却費は約600万円。それに対して修繕費は400万円。修繕費のほうが200万円安いので経営的に赤字にはならない数字。だが、安田さんはこの修繕費400万円を青信号とは見ず、黄色信号と見ている。

「いま見た金額はトータルの数字ですよね。機械にもいろいろありますから、これを1台1台見ていくと、おそらく修繕費が減価償却費を上回っているものがあるんじゃないかと思うんです。つまり損をしている機械です。だから、それを知るために、最近は機械ごとに修繕費がわかる『機械整備日報』をつけはじめたんです」

もし赤信号の600万円になるまで待っていると、必ず修繕費が減価償却費を上回るものが出てきて損をしてしまうことになるので、減価償却費に0・8をかけた数字を黄色信号と見て、少し気にしていったほうがいいと安田さん。そのうえで、もし2年連続で修繕費が減価償却費を上回るものが出てきたら、思い切って更新するべきなのだそうだ。

減価償却費が当年の生産物販売金額の7分の1以下なら赤字にならない

安田さんはもうひとつ赤字にならない経営の見方を持っているという。ただこちらは、あくまでも経験的なものだそうで、「減価償却費が、その年の生産物販売金額の7分の1を上回っていないか」というふうに見る。もし上回ってしまうと、現金がなくなる時期が出て、人件費が払えなくなる危険性があるのだそうだ。以前、機械をまとめて購入したときにそういうことが起きた。そこで原因を分析するなかで、指標として出てきたのがこの見方なのだという。

現在ファームにしおいその生産物販売額は約5000万円。これを7で割ると約714万円。つまり714万円が減価償却費の限界ラインになる。現状では減価償却費が約600万円なので問題ないと見ることはできる。ただもし新しい機械を導入して減価償却費が

事務所の前にある洗車場。コンバインやトラクタの足回りの泥を簡単に流せるように作った。視察に来る人がみんな驚く便利なもの

少し増えた場合はどうなるのだろう。

たとえば1000万円のトラクタを新たに導入したとすると、減価償却費は約143万円（1000万円÷7年）。いまの600万円に足すと、全体で743万円になる。先にあげた限界ライン714万円をオーバーしてしまうわけだ。この限界ラインを超えてしまうような設備投資だと、日銭が入らないイネ・麦・大豆の経営では一時的に現金が足りなくなる危険性が出てくる。

機械を更新するときは、こうような見方も考えてみるとよさそうだ。

集落営農の機械代、どこの組織もいろいろ考えながら努力し経営を回していっているのだと感じられた。ただまだこの分野、経験の共有が足りない。継続して追究していきたいと思う。

（『現代農業』２０１１年12月号掲載）

作業料金に盛り込んだ「更新積み立て方式」で無理なく機械を更新

滋賀県甲良町・(農)サンファーム法養寺

滋賀県農業技術振興センター　上田栄一

20年間赤字なし、機械も自力更新

滋賀県彦根市の東南部に隣接する甲良町法養寺では平成4年から法養寺営農組合を立ち上げ、集落営農を実践してきました。当時1317万円でトラクタ2台と4条刈りコンバインを導入し、オペレータによる作業受託を開始して20年が経過しました。

当時、「農業で今以上に儲からなくてもいいから、損をしない農業を目指していこう」というスローガンのもと22戸、20haの営農組合が結成されました。営農組合発足総会で「今後は個人で農業機械を導入しない」という申し合わせをしましたので、20年間個人で農業機械は1台も導入されていません。

もし、この営農組合を設立していなかったら、おそらく1億円以上の資金を農業機械や農舎に投入してきたのではないかと思われます。もはや1ha程度の零細な農家が個人所有機械を抱えて農業を維持するのは限界を超えているといわなければなりません。

法養寺営農組合は、水稲の栽培管理と集団転作で小麦と大豆を栽培しています。平成17年の法人化を機に、精米施設一式を導入して彦根市内のレストランや学校給食などへ米の有利販売に取り組んでいます。また平成21年には、7・5m×75mのビニールハウス3棟を建設し、トマトとイチジクの栽培に取り組み、土地利用型集落営農に施設園芸も加えて順調に経営発展してきました。

20年間1回も赤字を出すことなく、機械を自力更新し、ハウス建設を実現できたのは誇りでもあります。

補助金に頼らず機械を導入

1317万円の機械導入は1円の補助金ももらわず、すべて「農業改良資金」の借り入れで乗り切りました。返済は組合員から毎年約150万円ずつ8年間の拠出金で賄いました（注・150万円×8年だと1200万円だが、残り約100万円は集落の積み立て金で賄った）。この拠出金の算出根拠は平等割2、面積割8として、1・6haの最大規模の農家で年間12万円です。決して多額ではありません。それよりも「全額手出し」だから機械を大切に使おうという思いが生まれ、それがみんなに広まったことは大きな成果でした。

受託作業から更新費用を積み立て

農業機械が相当多額になることから次期更新のために積み立てが必要になることも十分想定していました。そこで、作業料金の6割程度を更新積み立てに充てることにしました。具体的には図1のように、水田の荒起こしの場合、組合員であれば10a当たり5000円。このうち2000円はオペレータ手当てや燃料代などの直接経費として使い、残り3000円は機械の更新に積み立てるというものです。組合員以外の場合は10a8000円で積み立て金は約2倍になる計算です。

これらの積み立て金からどのように機械を更新していくのか、具体的に立てた計画が図2です。計画通りに行けば、トラクタ、コンバイン、田植え機をそれぞれ1台（合計約1200万円）8年で更新できます。実際、ほぼこの計画通りに進めることができました。作業料金の6割程度という設定が、うまくいった要因だと思います。

(農)サンファーム法養寺の概要

構成員：22戸
経営面積：20ha
米9ha、小麦6ha、大豆6ha
ハウスでトマト約1反と
イチジク約1反

〈主な農業機械〉
- トラクタ4台（55馬力2台、29馬力1台、25馬力1台）
- コンバイン1台（5条刈り）
- 田植え機2台（10条、5条）

なにせ高額な農業機械です。「機械が壊れたら組織も終わり」という話も聞きますが、このような更新積み立て方式のおかげで、補助金をあてにすることなく、新たな出資金を集めることもなく更新できてきたことは、法養寺営農組合にとって大きな財産です。

個人所有機械は10年かけて処分していけばいい

集落営農を立ち上げると、それ以前に個人所有されていた農業機械をどうするのかが大きな問題となります。個人所有機械を温存すると共同利用機械の稼働率が上がりません。だからといって「一斉競売」は極め

補助金に頼らず機械を更新していくしくみ

受託作業料金から更新費用を積み立てると、8年でトラクタ、コンバイン、田植え機（合計約1200万円）の更新ができる。
この積み立ての仕方や補助金に頼らない新規導入の仕方は「法養寺方式」といわれ、滋賀県内に広く普及されている

6年目（平成9年）	7年目（平成10年）	8年目（平成11年）	合計
12.0ha	12.0ha	12.0ha	
960,000	960,000	960,000	7,080,000
10.0ha	12.0ha	12.0ha	
800,000	960,000	960,000	4,760,000
7.0ha	8.0ha	9.0ha	
280,000	320,000	360,000	1,280,000
2,040,000	2,240,000	2,280,000	
4,000,000			
6,500,000			
-3,700,000	-1,460,000	820,000	

図1 受託作業料金の中に更新費用を組み入れる（円）

作業の区分	作業内容	更新積み立て	直接経費	10a当たり作業料金	
				組合員	組合員以外
耕起	荒起こし	3,000	2,000	5,000	8,000
	代かき	3,000	2,000	5,000	8,000
	整地	2,000	1,000	3,000	5,000
	土改資散布	800	700	1,500	2,300
田植え	田植え	4,000	3,000	7,000	11,000
収穫	収穫	8,000	4,000	12,000	20,000
稲作計		20,800	12,700	33,500	54,300

転作作業

転作田の耕起	1,500	1,500	3,000
大豆の培土	1,000	1,000	2,000
麦収穫	4,000	―	4,000	8,000

・組合員以外の料金が地域の作業料金の相場
・直接経費には、労賃や燃料代、修繕費などが含まれる

図2 積み立て金額と機械更新の仕方（円）

	項目＼年度		1年目（平成4年）	2年目（平成5年）	3年目（平成6年）	4年目（平成7年）	5年目（平成8年）
更新積み立て計画	トラクタ 10a 8000円	受託面積	12.0ha	12.0ha	12.0ha	12.0ha	12.0ha
		積立額	360,000	960,000	960,000	960,000	960,000
	コンバイン 10a 8000円	受託面積	3.0ha	4.0ha	4.5ha	6.0ha	8.0ha
		積立額	240,000	320,000	360,000	480,000	640,000
	田植え機 10a 4000円	受託面積	―	―	―	3.0ha	5.0ha
		積立額	―	―	―	120,000	200,000
	年間更新積立額		600,000	1,280,000	1,320,000	1,560,000	1,800,000
機械導入	トラクタ 導入						
	コンバイン 導入						
	田植え機 導入					1,800,000	
累計			600,000	1,880,000	3,200,000	2,960,000	4,760,000

・トラクタ作業から得る積み立て金は荒起こし、代かき、整地の3工程で10a 8000円
・トラクタ作業の料金で1年目が少ないのは秋の整地のみと考えたため

て困難です。

法養寺営農組合では、共同機械の導入で借りた資金返済への拠出（150万円×8年間）に応じてもらっていますから、赤字になる心配はありません。だから「個人所有機械は使える間はいつまでも使い続けてください。しかし壊れたら自力更新はしないで作業委託をしてください」ということにしました。結局、最長10年間ほどで個人持ち機械が共同利用に置き換わるという考えでした。

オペレータ賃金は高く設定

20年前、オペレータに出役する人はすべて勤めていました。安い賃金なら休暇を取ってまで出役する人はないだろう。しかし高い賃金に設定しておけば1回か2回ぐらい休暇を取ってくれるだろうとの考えで、時給2000円としました。8時間出役したら1万6000円です。この考えは大正解。みんなは農繁期に1日か2日休暇をとってくれたので、繁忙期の作業が滞ることもありませんでした。

さらに出役したオペレータは「こんな高い賃金をもらう以上はいい加減な仕事はできない」ということで良心的な作業をしてくれました。このことが「営農組合に任せておけば大丈夫」という信頼を高め、作業量が年々増加し、組織の経営発展にもつながっていったと思います。

毎日「洗浄・燃料満タン」で長持ち

代かきシーズンのトラクタは必ず翌日の作業のためにピカピカに洗浄し、燃料も満タンにするように徹底しています。明日も泥だらけになるトラクタをです。オペレータは毎日代わるので、もし泥だらけのままだと明日出てきたオペレータは「うわっ、こんな汚れたトラクタ」と感じて、いい加減に使うだろう、少々ぶつけても放置しておくだろうと、考えたからです。

しかし、いつもピカピカにしておけば一日丁寧に大切に使おうという思いが生まれます。そのおかげか、当初導入した32馬力のトラクタは、15年間の共同利用に耐えました。世間では共同利用機械は「持って7年、早ければ5年」といわれますが、決して機械が悪いわけではなく、使う人が悪い、使うルールが悪いのだと思います。

若い人が発案し、運営してきた

ところで20年以上前、集落営農立ち上げのとき、私は39歳でした。集落の農家代表である「農業組合長」に選出され、そのとき役員はすべて40代でした。役員は「自分が出役するのならラクな、快適な、少ない人数で大面積をやりこなせる」機械を導入しようと考えてくれました。今振り返ると、若い人たちが中心にやってきたからこそ、集落農業の大改革ができたのだと思います。

現在、法養寺に視察に来られる皆さんが60代後半から70代というのは大変気にかかることです。私はいつも「皆さん方ではなく息子世代に来てほしいのです」と説明するようにしています。

炭を活用して高付加価値を目指す

法養寺営農組合は、平成17年5月に農事組合法人サンファーム法養寺に移行しました。法人となった現在、5人が法人の仕事に従事しています。5人の内訳は、営農組合から構成員として従事してきた60代の3名と集落内の非農家1名、昨年10月から参入してきた彦根市内の42歳の青年です。みんな前向き人間です。

3年前からはじめたトマトとイチジクは、近場のスーパーに配達しています。炭を土壌改良資材として入れていますが、味がよい・甘みがある・病気に強いなどかなりの効果を確認できています。将来は極力、有機無農薬で他産地にはみられない特徴ある園芸生産を追求していきたいと考えています。

世間から「後継者はどうするの?」という質問もよく受けますが、組織が儲かり、明るく楽しい運営ができ、前向きに発展していけば、おのずと人は集まってきます。今から10年先の心配はまったくいらないと考えています。

（うえだ えいいち 『現代農業』2012年4月号掲載）

更新費用は1/5

5つの集落営農で機械を共同利用

作業は意外に重ならない！

広島県東広島市・(農)重兼農場

編集部

機械の更新が共通の悩み

「機械の更新は大変なことです。コンバインでも1台1000万円くらいはしますからね。20年くらい前は米価も高かったから、更新費用の積み立てもしやすかった。でも今は昔のようにはいかなくなってきました」

そう話す本山博文さんは、20年前に広島県で最初に設立された集落営農である農事組合法人・重兼農場の代表理事だ。県の「集落営農協議会」の代表も長らく務めてきたので、集落営農についてはリーダー的な存在である。

そんな本山さんが、地元東広島市内の19ほどある集落営農の代表が集まる会合に出るたびに感じていたの

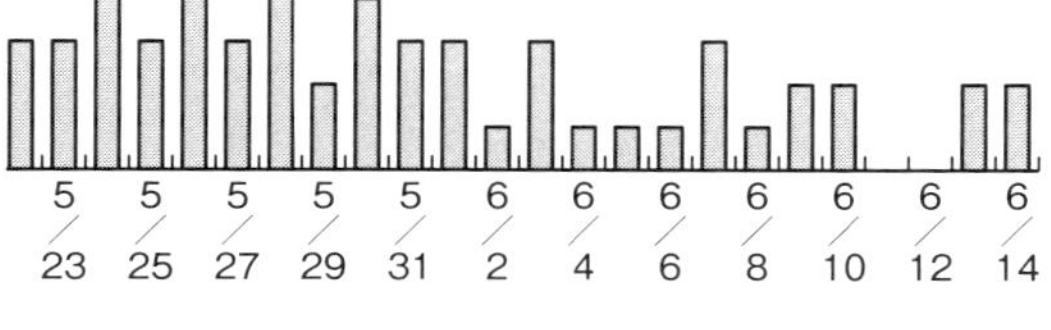

が、どの法人も機械の更新に苦慮しているということだった。

「共同利用なんて絶対無理」

広島県ではこの10年、集落営農が次々生まれている。本山さんは、集落営農を立ち上げることも大事だが、せっかく立ち上がった組織の経営を仲間で支え合う仕組みも作りたいと思っていた。そこで市内の集落営農の会合で「機械の共同利用をしてみてはどうだろう」と提案してみた。効率的に使えれば負担が減ると思ったからだ。

ところが参加者のほぼ全員から「そりゃ無理だろう。作業時期が重なる」との声。どの法人も、水稲中心の経営で規模も環境も似通ったところばかりだからだ。

だが本山さんは、やれそうな気がしていた。じつは重兼農場では、すぐ隣の集落営農と、田植え機を共同購入して一緒に使い始めていた。作業が重なって困ることがないだけでなく、これまで使っていた田植え機はほとんど使わなくなっていたからだ。

調べたら、機械はフルには動いてなかった

そこで本山さん、市内の9つの法人の協力を得て、

田植え機の稼働状況（平成20年実績）

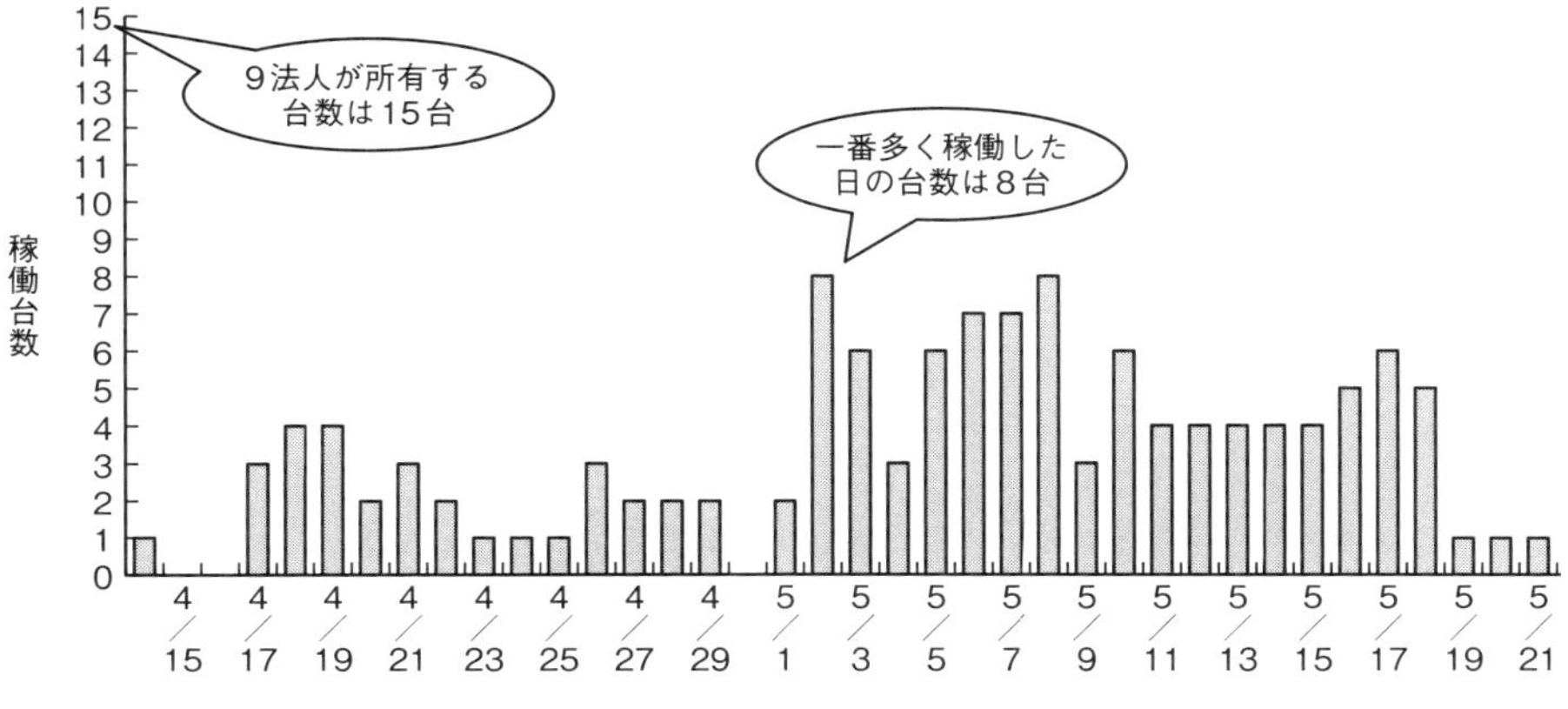

9つの法人が所有する田植え機は15台あるが、もっとも稼働が多い日でも1日8台しか使っていない

ファームサポートのしくみ

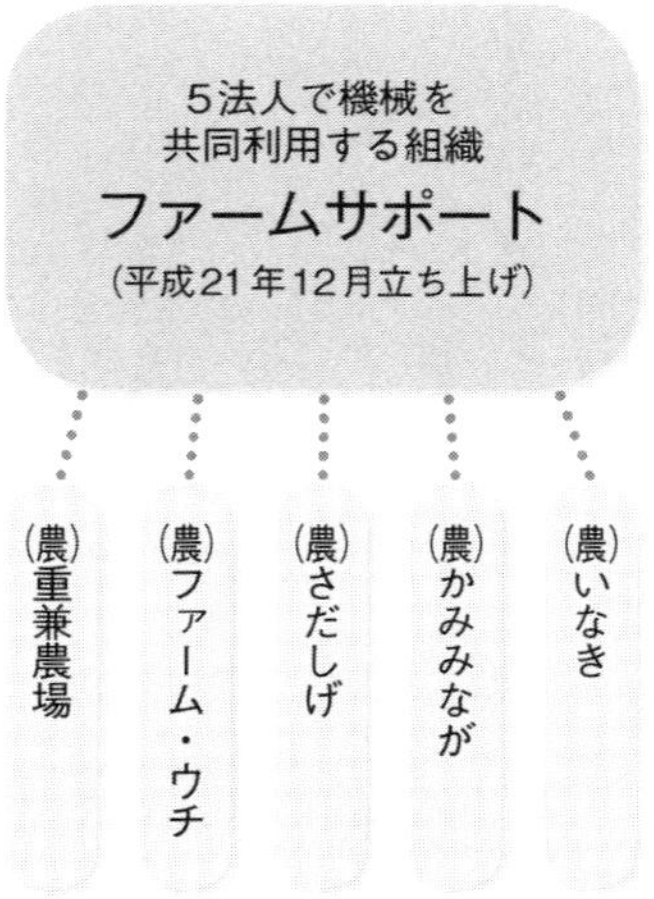

〈所有機械〉

田植え機　5台
コンバイン　5台
→ 各法人から借り上げ

乗用管理機　1台
WCS用コンバイン　1台
→ ファームサポートで購入

・借り上げ機械は利用料金の1/3を所有していた法人に還元。残り2/3は修繕費や整備費、更新積み立てに充てる

・まだ立ち上げて3年目なので、スタート時に各法人から借り上げた機械が多いが、ゆくゆくはファームサポートですべて更新していく予定

〈利用料金〉

作業機械	利用料金
田植え機	8条：3500円／時、6条：3000円／時
コンバイン	6条：1万7000円／時、5条：1万5000円／時
乗用管理機（防除機）	5000円／時
ＷＣＳ用コンバイン	2万3500円／10ａ（オペレータ付き）

・利用料金の単価に根拠はないが、一応これに決めて、走りながら改正する
・機械の移送は、1回5000円でＪＡ農機センターに委託
・修繕費は原則ファームサポートで負担（重大な過失による場合は協議）
・所属法人は、対象機械への保険加入を行なう

昨年、共同購入したＷＣＳ用コンバイン

田植え機が実際どのように使われているか調査してみることにした。結果が172〜173ページの図。

９法人で所有している田植え機は合計15台あるのだが、一番多く使われた日で、たった8台しか稼働していなかった。残り半分近くは遊んでいたということになる。

秋にはコンバインの調査もしてみると、田植え機ほどではなかったが、遊ばせている機械が多いことがわかった。作業を数日ずらして調整すれば、やはり半分くらいの台数でいけそうな感じなのだ。

ちなみに、調査した法人の主な米の品種は、早い順に早期コシヒカリ、普通コシヒカリ、ヒノヒカリ、飼料イネといった按配で、それなりに分散していることもわかった。

ファームサポート始動

本山さんは調査結果を元に、次の会合で改めて機械の共同利用を提案した。「すぐやりたい」と手を挙げた法人は５つ。そのメンバーと任意組合のファームサポートを立ち上げた。３年前のことである。

ファームサポートでは、最初それぞれの法人が所有している田植え機とコンバインを１台ずつ借り上げて、共同利用することにした。利用料金は１時間当たりいくらと決めた（右ページ参照）。面積当たりだとチェックするのが大変だが、時間当たりならアワーメーターを見れば一目瞭然。数字としてわかるし、公平性もあるからだ。

利用料金の３分の１は、それまで所有していた法人へ借り上げ賃として還元し、残り３分の２は修繕費や整備費、更新の積み立てに充てる。たとえば、昨年の５条刈りコンバイン４台の利用状況を見てみると、昨年の各法人の利用時間は合計380時間で、利用料金は約570万円。そこから還元金約190万円を差し引いて、残りは約380万円になった。これを修繕費や整備費、更新積み立てに充てるといった具合だ。ファームサポートとして積み立てておき、各法人が新たな投資をせずに機械を更新できるようにしている。

昨年はファームサポート独自でWCS用のコンバインや乗用管理機などを購入した。市の助成が2分の1付いて約1000万円。これを5つの法人で割ったので、1法人当たり200万円の出資だ。このように出資金を集めて新しい機械を導入するとしても5分の1の値段でできるというわけだ。

作業も以前よりスムーズに

現在ファームサポートが動き出して2シーズン終わったところだ。本山さんには嬉しい声が寄せられている。

「イネ刈り中にコンバインが故障して、どうしようかと思ったが、ファームサポートのコンバインをすぐ借りることができたので、適期を逃さず作業ができた。本当に助かった」

「雨が降ってイネ刈りが遅れたとき、ファームサポートのコンバインも借りて台数を増やし、一気に作業ができた。遅れずにすんだ」

機械代を安くするだけでなく、困ったときに助かるというメリットもある。

あと3年で機械は半分に

「今はまだそれぞれの法人が所有している機械があるので、それが使える間は使っていきますが、更新時期がきたら新たに購入する法人はないと思います。だから、おそらくあと3年くらいで、すべてファームサポートの機械に変わる。そうなると機械は今の半分くらいになるでしょう」

本山さんの次なる夢は、ファームサポートのような取り組みを県全域の集落営農で組織することだ。「機械の移動が問題と思うかもしれませんが、県内なら2時間もあればどこでも行ける。夜運べば翌朝の作業までには必ず届きますからね」

こんな構想を話すと「まだ雑巾しぼるのか…」と冗談をいわれることもあるそうだが、集落営農の経営を考えるうえでは重要なことだ。ファームサポートの取り組みを足掛かりに、近い将来、新たな共同の歩みが始まるかもしれない。

（『現代農業』2012年4月号掲載）

PART 5

担い手づくり・農福連携

集落営農のおかげで地元出身者が続々と帰ってくる村の話

島根県邑南町・(農)ファーム布施

編集部

農繁期に人が溢れる山奥の集落

山の傾斜に沿って反歩あるかないかの田んぼが段々に広がっている。

「ここは完全急傾斜地だから、田んぼの管理面積より、法面の面積のほうが大きいんですよ。12ha全部で１２０筆。なかなか大変なところでしょ」

そう言いながら、松崎寿昌さん（51歳）が集落内を案内してくれた。

島根県邑南《おおなん》町（旧瑞穂町）の「布施二《ふせに》」集落だ。世帯数は約20戸、人口は45人で、高齢化率が50％を超える典型的な中山間地域。「少子高齢化」「労力不足」といった問題は以前から深刻になっていた。

ところが、最近は、どうも様子が違うようだ。

「贅沢な悩みなんですけどね。田植えやイネ刈りに人が集まりすぎて、何をやってもらったらいいのか、困ることもあるくらい（笑）」

なにせ、多いときには1日に総勢40人以上が作業に出ることもある。普段は静かな20戸余りの高齢化したこの集落に、農繁期になると人が溢れ、軽トラがブンブン行き交い、祭りのようにワイワイにぎやかに作業が進むのだ。作業に参加する集落住民は多くて20人くらい。残りの半分以上は、進学や就職を機に都会に出ていった集落出身者やその家族、友人知人たちである。

棚田のように田んぼが広がる「布施二」集落の風景

(農) ファーム布施の概要

組合員19戸
水稲12ha、飼料用イネ(WCS) 2ha、イネの育苗ハウスを活用したミニトマト（トロ箱栽培）3a

集落営農のおかげで、帰省が楽しみになった

布施二集落に変化が現われ始めたのは、集落営農ができてからだ。

「かつては人がたくさんいてイノシシが入ってくる余地もなかった。入ってこようものなら貴重なタンパク源。親父たちが目を輝かせて獲りに行ったもの」。それが、だんだん家が減り、人が減り、イノシシ害もひどくなってきた。

そんな十数年前、もともと農業一本でやってきた古老たちの助言から、松崎さんを含む当時40代の若手3人が「このままでは誰もおらんようになる」という危機感を持ち、集落営農を立ち上げようと話し始めた。集落内では紆余曲折あったものの、ちょうど10年前の平成15年、旧瑞穂町内では第1号となる全戸参加型の集落営農が誕生した。農事組合法人・ファーム布施である。

法人ができる前も実家に帰って家の田んぼを手伝う人はいた。70代、

田植え後の慰労と交流会を兼ねた「春を惜しむ会」の様子。県外に出ている集落出身者も来るので、約20戸の集落に総勢60人以上集まることもある。この他にもバーベキュー大会や収穫祭など、ファーム布施の役員が企画したイベントがたくさんある

80代の親を残して広島市内などに移り住んでいる集落出身者たちだ。広島市内からは高速道路を使えば車で約1時間40分。土日に通えない距離ではない。でも、小さな田んぼを維持していくには、多大な経費（機械代など）と労力が必要になる。大きな法面をひたすら一人で草刈りするのも大変なことだった。

しかし集落営農ができてからは、個人で機械を揃える必要はなくなった。作業も共同だから、決まった日（週末）にみんなでやれる。終わったあとは慰労と交流を兼ねた飲み会付き。それが楽しみで帰省する人も増えてきた。

週末の田舎暮らしを楽しむように作業に参加する

たとえばこんな人がいる。広島市内で木材関係の仕事をしているFさん（58歳）は、両親が亡くなって家屋敷と田んぼが集落に残っていた。世代の近い松崎さんでも、ほとんど付き合いはなかったが、法人を立ち上げてからは、毎週のように帰ってくるようになった。田植えやイネ刈りだけでなく、畦畔除草なども率先して参加してくれる。

Fさんの息子さん（30代）は、「親父はなんであんな

法人設立後、作業に参加するようになった県外在住の集落出身者

農家	移住地	作業参加状況など	
Aさん(60代)	広島	本人夫婦、子ども、妹家族で作業に参加。90代の親が地元にいる。本人が組合員	
Bさん(70代)	広島	本人が組合員となって作業に参加。100歳の母がいる	→3年前にUターンで定住
Cさん(60代)	宮崎	夫婦で作業に参加。90代の父が組合員	
Dさん(60代)	広島	家族連れで作業に参加。90代の父が組合員	→3年前にUターンで定住
Eさん(50代)	山口	本人が作業に参加。80代の両親がいて、父が組合員	→6年前にUターンで定住
Fさん(50代)	広島	本人家族で作業に参加。両親が亡くなり「土地持ち非農家」だったが、今は本人が組合員	
Gさん(30代)	滋賀	本人が春・秋に長期休暇でオペレーターとして作業に参加。80代の両親がいて、父が組合員	

春と秋の水稲基幹作業、畦畔除草、河川掃除等のために帰省する。本人はもちろん、子どもを含む家族や友人知人が一緒に参加するケースも多い

に楽しそうに帰るんか?」と、最初は不思議でたまらなかった。そこで一緒に来てみたら、「あー、これは楽しいはずだ」と納得。作業とその後の宴会が、ことのほか楽しかったからだ。

ちなみにFさんは漁業も少しやっていて、週末に帰る日は、大きな岩ガキをとってきてくれたり、タイやチヌなどを釣ってきてくれたりする。それを集落のみんなも楽しみにしているのだ。

もう一人、Aさん(66歳)は、90代の親を残して広島で大工をしている。法人ができてからは、本人夫婦だけでなく、30代の息子さん家族、さらには本人の妹さん家族も連れて総勢7人で帰ってくることもある。まるで週末の田舎暮らしを楽しむかのように、みんなで作業に参加してくれる。

法人を立ち上げて5年もすると、作業に帰ってくる集落出身者は7戸になった。組合員19戸のうちの7戸である(表参照)。しかも大勢連れてくる家もあるので、とてもにぎやかになるわけだ。

村を出た人はみんな気にしている

「村を出た人はみんな気にしている」と松崎さん。生まれ育った故郷のことは気になるが、きっかけがなけ

ればなかなか帰れない。でもそんなときに、声をかけられると、「じゃ行ってみるか」となるらしい。

声かけは、法人の総務部長である漆谷《うるしだに》孝之さん（56歳）が中心となって行なっている。ポイントは「無理にやらない」ことだ。盆や正月に久しぶりに帰ってきた人には、「お袋さんや親父さんのことは俺たちが見てるけん。田んぼも心配しなくていい。ただ、この集落のことだけは意識しておいてほしい」という。そうすると、気になってちょくちょく帰ってくる人がいるそうだ。

また、松崎さんによると、集落に住んでいる親は通さずに、同世代の者が直接呼びかけるのも効果的だという。親父と息子には微妙な関係があるからだ。たとえば、「○日に帰る」と息子が家に連絡し、その日の昼頃に着くと、親父は「何を昼ごろ帰るんか！」と頭ごなしに怒鳴ったりする。予定した作業などが遅れるからだ。でも息子のほうは、そんな対応をされると帰るのが億劫になる。「大なり小なりどの家でもそういうことがあると思う」と松崎さん。

「親父に言われるとカチンとくることも、隣のおじさんに言われると素直に聞ける」。だから、共同作業という場はとてもいいらしい。たとえば鍬の持ち方一つでも、親父は「こうやれ！」と一方的にやらせるが、隣のおじさんの場合は「右利き？　左利き？」から始まって、使い方のコツまで丁寧に教えてくれる。作業も気持ちよくできるし、終わって一杯やれば、みんなで楽しく話をすることもできる。

集落出身者がいるから盛り上がる

作業後の飲み会は、集落住民だけでするよりも、外に出ている集落出身者がいるほうが盛り上がる。たとえば、子どもの頃の遊びの話は、集落住民だけだとまず話題にならないが、集落出身者が加わると一瞬でヒートアップする。

「あの川の縁でこんな大きなウナギを獲った」「あの山にはキノコがたくさんあった」「体長が1m50cmくらいあるハンザケ（オオサンショウウオ）を捕まえたことがある。あの味はたまらんかった。最初はワラで包んで丸焼きにすると、きれいに皮が剥ける。で、内臓とって、後はぶつ切り。最後は砂糖醤油で煮る。これが最高なんじゃ」……。

年配者も加わって、昔話に大いに花が咲く。子どもの頃のワクワクした気持ちが蘇ってくるのだ。

そうして翌日、誰かが集落内の川を眺めていると、

子どもがよく水遊びをする集落内の川。堰にたまった土砂を掃除するときも集落出身者が一緒に行なう

子どもの頃よく水遊びした川の堰のところが土砂で埋まっていることに気づく。農業用水や防火用を兼ねた大事な堰だから、2〜3年に一度は土砂を取り除かなければいけないが、これが大変な作業。そこで集落出身者も一緒になって河川掃除をする。そんな地域全体を守る活動にも発展してきた。

利益の追求ではなく、地域を守ること

ところで、ファーム布施の田植えは、「祭りのようにワイワイやる」ことが周辺地域でもちょっと有名だ。なにせ田植え機1台に7人もの人がつくからだ。オペレーター1人、トンボを持って泥を均す人が2人、4隅を植える人が2人、苗箱運びが2人といった具合。ふつうは1台に2〜3人つくだけだから、みんなでワイワイやって、労賃もちゃんと払っていると話すと、地域の別の法人の人からは、「あんたらそれで収支は合うんか？」と言われる。

松崎さんによると、今のところ問題ないらしい。現在の法人の収入は、米の売上が約1300万円、それに中山間地等直接支払交付金と戸別所得補償の計約700万円の補助金を加えて合計約2000万円。労賃としての支払いは、その3割に当たる600万円ほど

だ。経営的にここだけ突出しているわけでもないからだ。

もし利益を追求し、効率化を図って作業人数を減らせば、人件費は今の半分くらいになるかもしれないが、法人の目的は儲けることじゃない。地域を守ること、そしてこの景観を守ること。だから、より多くの人に地域に関わってもらうことが大事だと松崎さんは思うし、他のメンバーもそう思っている。

もっとも、作業に参加する集落出身者やその友人たちは、労賃をお金でもらうより米を欲しがることが多い。作業労賃は時給で支払っている（機械作業のオペレーターは1000円、その他は一律800円）のだが、1日8時間働けば、オペレーター以外は6400円。米1袋（30kg）の値段がちょうどそのくらいなので、作業に3日出た人には3袋分といった具合になる。10袋くらい欲しいという人には、3袋分を引いた金額で送ってあげる。こういう人たちは、貴重なお客さんにもなっていく。

3戸がUターンで帰ってきた

ファーム布施が設立されて10年。この間、都会などに出ていた集落出身者が3戸、Uターンして戻ってきた。いずれも高齢の親を集落に残している家だ。

ふつう高齢の親が田舎にいて、心配になったとき、都会で暮らす息子は、自分の家に呼び寄せることを考える。それで村には人がいなくなり、家は朽ちていき、一層さびれていく。このようなケースが多いが、「うちの場合は逆」だと松崎さん。

親の顔を見るついでに作業にも参加する。それで関わりができて、ちょくちょく帰るようになる。そうすると、どうせなら家を建て直そうかとなり、建て直したら、じゃ定住しよう、という流れ。Uターンした3戸はすべてこのパターンだ。

竹崎亘さん（72歳）も3年前に広島市から夫婦で地元へ帰ってきた。大学に行くときに集落を出てから50年以上になる。ある程度自分が歳をとってきてからは、いつも故郷のことが気にはなっていた。「自分が生まれ育った場所だし、親もいる、家もある、田んぼもある、墓もある」。でも広島には家を建て、長年勤めた会社の仲間もたくさんいる。帰るかどうかは「正直半々だった」と竹崎さん。最終的には、親を見守ってくれた恩返しがしたいと故郷に帰ってきた。

帰る気持ちを後押ししたのは、集落営農の存在が大きかった。もし田んぼの管理を個人でやっていたら、機械は一から揃えないといけないし、70に手が届く年齢からの重労働は厳しいと考えていたからだ。でも今は、自分にあった作業ができるし、ワイワイみんなと話をするのも楽しい。雨の日なんかは趣味の彫刻にも専念できる。

竹崎さんは会社時代に培った経理を集落営農で任されているので、今はなくてはならない存在になっている。

集落にいる人と集落出身者で育てる「郷土愛」

法人を立ち上げてからの10年を、松崎さんはこう振り返る。

「立ち上げたときは、集落にいる人間だけで、どうやってやろうかばかりしか考えていなかった。でも今は、どんどん人が帰ってくるようになって、正直、後継者不足という心配もなくなってきた。30代の若者がオペレーターとして作業に参加してくれるし、私の息子（20代）も参加するようになりましたしね。ずっと続いていきそうな気がしてます」

また、ファーム布施の組合長である森田仁政さん（72歳）は、この間の取り組みを「一言で言うと」と前置きしたうえで、こう振り返る。

「集落にいる者と集落出身者が『郷土愛』でつながって活動してきたひとつの結果だと思います」

続けて、

「イノシシの巣にしちゃいかん。先人の努力を無駄にしちゃならん。そういう思いで地域を守ることを目的に、みんなで取り組んできたわけですが、この歩みはそんなに間違っていなかったと思います」

森田さんの言う「郷土愛」。――集落にいる人と集落出身者が一緒になることで、その想いは一層強くなるのかもしれない。故郷が気になっている集落出身者に改めて目を向けて、まずは声をかけてみる。それが村を元気にする大きな力になりそうだ。

（『現代農業』２０１３年11月号掲載）

病院・福祉施設・買い物に出かける高齢者を送り迎え

福祉タクシー

島根県出雲市・㈲グリーンワーク

㈲グリーンワーク社長　山本友義

㈲グリーンワークは、出雲《いずも》市佐田《さだ》町、飯栗東本郷5集落（80戸）の農家で形成され、2003年に設立された（任意組合設立は1998年）。集積した農地で水稲栽培を行なうとともに、佐田町内一円で機械作業を受託している。それに加え、ここで紹介する福祉タクシーのほか、森林公園の管理や冬場の灯油配達など農業以外の業務を受託していることが特徴である。また「草刈り部隊」として羊（24頭）を放牧し、羊毛製品を作るなど多角経営を展開している。

高齢者の足になる福祉タクシー

グリーンワークが農業法人に移行したときのスローガンは「地域のために地域とともに」である。農業以外の分野でも地域の担い手としてわずかでも貢献したいとの思いから、お年寄りや弱者の役に立つ福祉関係の仕事を模索してきた。そんななかで04年に、旧佐田町と国の事業であった「高齢者等外出支援サービス事業」の業務委託契約を結び、福祉タクシーの運用を開始した。

高齢者や身体障害者が、自宅と福祉サービス提供施設や医療機関などのあいだを行き来する際の送迎を請け負って、住み慣れた地域での生活を支援していくのが目的である。具体的には、市有車（8人乗り）を用いて、利用者を自宅から次の各施設に送迎する。

①佐田地域と出雲地域の医療機関
②介護予防・生活支援対象事業を実施する施設

③佐田地域内の生活必需品を販売する商店

病院での付き添いは、利用者によって対応が違うが、通常は受付窓口まで送り迎え、診察がすむまで病院内で待機する。また、買い物の際は同行し、荷物を運ぶのを手伝うことが多い。

福祉タクシーで送り迎えをしている様子

有限会社グリーンワーク

水田13ha（品種：コシヒカリ、きぬむすめ）、イネ育苗1万4000箱、作業受託のべ33.5ha（うち収穫13.5ha、乾燥調製15ha）、トマト4a
組合員30名

「バス・タクシーなら1万円以上」が900円

利用者は、「利用者運営協力費」（1時間当たり100円＋1km当たり10円）を支払って福祉タクシーを利用する。利用者一人1回当たりの平均では、400円（4時間）＋500円（50km）で900円くらいである。また、グリーンワークには、この料金に加え、1時間当たり950円の委託料が市から支払われるしくみだ。

50kmの距離を出かけるのにバス・タクシーを乗り継いだとすれば1万円以上かかる。定期的に出雲市内に通院される人は年間かなりの出費減となり、利用者からはたいへん感謝されている。また、玄関で迎え、玄関まで送り届けるので、高齢者の方々からは安心してサービスが受けられると好評だ。

土日・祝日を除いて毎日稼働。買い物・病院利用の際は1台に一人の移送となっているのと、一人月1回までの利用制限がある。介護予防教室への送迎は、利用人数が教室によってまちまちだが、これらを合わせると年間利用者はのべ260人くらい。現在の利用申し込み登録者数は約80人である。

（やまもと ともよし『現代農業』2010年5月号掲載）

大変なのも、葬儀屋まかせもいやだった

むらの会館葬で送り出す

島根県雲南市・槻之屋振興会

編集部

組内で手伝うのが当たり前だったが

雲南市木次《きすき》町の中心から車で20分、標高３００ｍの山あいを奥へ進むと、完成したばかりの尾原ダムの近くに槻之屋《つきのや》集落が見えてくる。

「ここは木次の秘境だかんねぇ。人も車もそげん通らんでしょ」。槻之屋振興会会長の斎藤文隆さん（62歳）はそういうと、今しがた山から採ってきたばかりのタラノメやウルイがどっさり入ったカゴをうれしそうに見せてくれた。

「近くの道の駅や農家レストランに持っていけば、これひとカゴで５０００円になるけぇね」

そんな宝の山に囲まれた槻之屋集落は世帯数29戸・人口88人、上槻《かみつき》と下槻《しもつき》の２つの自治会からなり、それぞれに４〜７戸単位で３つの組（納税組合）がある。小さいだけに結束力の強い集落だ。

その結束力の象徴が葬儀だった。槻之屋では昔から自宅葬が基本。葬儀となればご近所の組内で故人宅に駆けつけ、遺族・親族の食事の準備から葬式の段取りまですべて取り仕切るのが習わしだった。通夜→火葬→本葬→埋葬とどの家からも夫婦ふたりが丸３日間、万難を排して与えられた役割をこなす。

「でもいまは勤めに出ている人が多くなったし、組によっては80代の夫婦しか残っていないところもある。組内で手伝えなくなったら、隣組や自治会で応援してきたけど、13年前からだったかな、葬儀のかたち自体

普段は神楽の練習に使う「郷土文化保存伝習施設」が、葬式のときは斎場に早変わり。槻之屋集落のちょうど真ん中にある（高木あつ子撮影）

伝習館を使った葬儀会場。祭壇は一段高い神楽の舞台に設置し、参列者はパイプ椅子に座る。正座でなく椅子だと足がラクと高齢者に好評だ（槻之屋振興会写真提供）

か？

も改善したんよ」と斎藤さん。どんなふうに変えたの

神楽の伝習館で斎場代は3万円

まず、通夜や火葬に出席するのは遺族・親族だけとなった。また本葬の会場は、集落の「郷土文化保存伝習施設」（以下「伝習館」に統一）。近場の慣れた場所だし、式は椅子に座ってやれるので足腰が不自由なお年寄りたちも参列しやすい。

この伝習館は県の無形民俗文化財でもある「槻之屋神楽」の練習所として1994年に完成。現在は槻之屋振興会が指定管理団体になっているので、むら内の突然の葬式にも迅速に対応できる。

使用料は1日3万円。民間の斎場と比べるとかなり格安だ。畳の休憩室や調理場の使用料も含み、パイプ椅子や2升炊きのガス釜など備品も充実している。

「やっぱりむらの公共施設だと使い勝手がいいけぇね。どこに何がしまってあるかすぐわかるよ。おっと、そういえば冷蔵庫にこの前の会合で残った芋焼酎が入っていたっけぇな（笑）」と斎藤さん。

祭壇はJAから「中クラス」をレンタルするということも決めた。棺も中クラス。設置費用も含め締めて

8万円ほどだ。

3年前にこの新方式で母親の葬式を挙げた小池幸《みゆき》さん（54歳）は、むらの施設で母を送り出してもらえたことに大変感謝している。

「伝習館で斎場代を安く抑えられたので、葬儀費用はお寺さんを除いたら30万円ちょっと。民間の葬儀屋さんの3分の1くらいでしょうか。それに費用だけじゃありません。『むらの会館葬』で、付き合いの長い集落のみんなに送り出してもらえたのですから、母もきっと喜んでいると思います」

遺族や親族が葬儀後に食べる「仕上げ」の料理は、毎回50～70人分用意。持ち帰れるようあらかじめ弁当用トレーに料理を盛りつける
（槻之屋振興会写真提供）

「仕上げ」づくりも楽しくワイワイ

従来、葬儀の手伝いでとくに大変だったのが女性たちによる故人宅の賄い（食事の準備）だ。

通夜と葬式を合わせると、多いときは3日間で9食分。故人宅の台所に上がり込んで、食材の調達から調理、配膳、後片付けまでする。お姑さんたちの指示に従い若いお嫁さんは専ら配膳や洗いもの。料理の味付けなどには一切口出しできず、ピリピリしていたそうだ。

このあたりも改めた。遺族・親族への賄いは基本的になくし、まわりが手伝うのは葬式の後に食べる「仕上げ」と呼ばれる精進料理のみ。会場の伝習館の調理場で当日つくればいい。

槻之屋に嫁いで40年になる難波ひろ子さん（64歳）に聞くと、「これまで口伝えだった『仕上げ』の煮しめや酢のもの、白和えなどの材料やレシピは、いつでも刷り出せるようにパソコンに保存しました。若い人にも任せられるし、『ちょっと味みてくれる？』と案外ワ

1998年に設立した農事組合法人槻之屋ヒーリング。斎藤さんが代表理事を務め、小池さんや難波さんがパートに出ている（高木あつ子撮影）

農事組合法人 槻之屋ヒーリング

組合員20戸、集落の水田の9割以上を受託。水稲19ha、露地野菜1ha、ハウス0.5haを経営し、正社員3名、パート5名

イワイやっています。もちろん、今でも施主に頼まれれば通夜の食事の準備もしますが、伝習館で調理して大皿や鍋で届けるので故人宅の台所に上がり込むこともなくなりました」。

さらに斎藤さんが続ける。

「女性たちが協力して食事をつくるのは、防災の炊き出しの訓練にもなるけぇね。それに普段は勤めに出いて話せないような若い世代ともゆっくり話せるしね」

「もう葬儀屋まかせにしたい」の声から始まった

槻之屋の葬儀改善は、むらの葬式の「新しいかたち」として集落内に定着してきたが、ここまで来るのはじつはけっこう大変だった。きっかけは13年前、2000年1月の槻之屋連合自治会定期総会での出来事だ。当時60代の委員から突然、「ウチらの葬儀もとなりの仁多町（現奥出雲町）のように民間の葬儀屋に任せるやり方に変えてほしい。ワシの代までは葬儀の手伝いもできようが、子どもの代になったらようせんけぇ」と緊急動議が出されたのだ。

しかし、これはそう簡単にウンといえることでもない。

斎藤さんも「たしかに葬儀屋に一任すれば組や自治会の労力的負担は大幅に軽減されるだろう。けれど、施主の金銭的負担は倍以上になる。葬儀屋に頼める家と頼めない家が出てきたら、集落がバラバラになってしまう」と思った。「それに何よりも槻之屋でともに暮らしてきた故人は、ここからみんなで送り出したいという気持ちもあったしね」

賛成6割、反対4割で大揺れ

その後「葬儀改善委員会」が設置され、いかにして無理のないかたちでむらの葬儀が続けられるかを皆で話し合い、まとまったのが9項目の改善案（下表）だ。

２０００年8月、葬儀改善委員会はこの改善案について親族一同で話し合えるよう盆の帰省時期にアンケートを実施した。結果は賛成が6割、反対が4割。

「あの時は予想以上に反対意見も多くて、ずいぶん戸惑ったけぇね。陰口や噂話がバンバン飛び交って、新しいことに対しての抵抗は強かったなぁ」と斎藤さん。

そんななか踏み切れたのは、アンケートの意見欄にあった80代男性の言葉だった。

「物事を改めるというのは何事であっても考えれば考えるほど、ああでもない、こうでもないと結論付けるのは困難なものです。むら内の取り決めで多数の合意を得て決めたものであれば、誰の責任でもありません。やってみていけない点があれば、再度修正すればよいのです」

槻之屋集落の葬儀における９つの改善点

1、遺族・親族の賄い（食事の準備）の廃止
2、本葬は「郷土文化保存伝習施設」で椅子で行なう
3、祭壇・棺はJAの中クラスで統一する
4、火葬場には遺族・親族だけで行ってもらう
5、葬式の後の行列（埋葬）は遺族・親族だけで行く
6、葬式のマニュアルをつくり、パソコンに登録
7、「仕上げ」は隣保（組もしくは自治会）でつくる
8、槻之屋振興会が葬儀に必要な備品を用意する
9、香典返しはしない。ただし会葬礼状は準備する

マニュアルをつくって引き継ぐ

斎藤さんのパソコンには、葬儀改善のこれまでの経緯がていねいに残されている。むらの葬式は、年配者が口伝えで次の世代へと引き継いできたが、葬儀の手順や役割分担、葬儀委員長のあいさつのひな形、伝習館の備品一覧などもマニュアルにしておけば、子どもたちの代も安心というわけだ。

「マニュアルといっても、こうしろと押しつけるものじゃなく、あくまで困ったときのチェックリストのようなもんじゃけぇ。わからんことがあったらご近所に相談すればいいんよ」と斎藤さん。

「組によっては4世帯を切ったところや80代の老夫婦が多いところもある。子どもの代のことを考えれば、たしかに前みたいな葬式の習慣は続けられん。だからといってすべて葬儀屋まかせにしたり、簡素化が過ぎて家族葬にすればいいってことでもないけぇね。無理なくみんなが関われるむらの葬式の形。その時々で無理が生じたら、またみんなで変えていけばいいと思うんよ」。じつに柔軟な発想だ。

（『季刊地域』２０１３年夏号掲載）

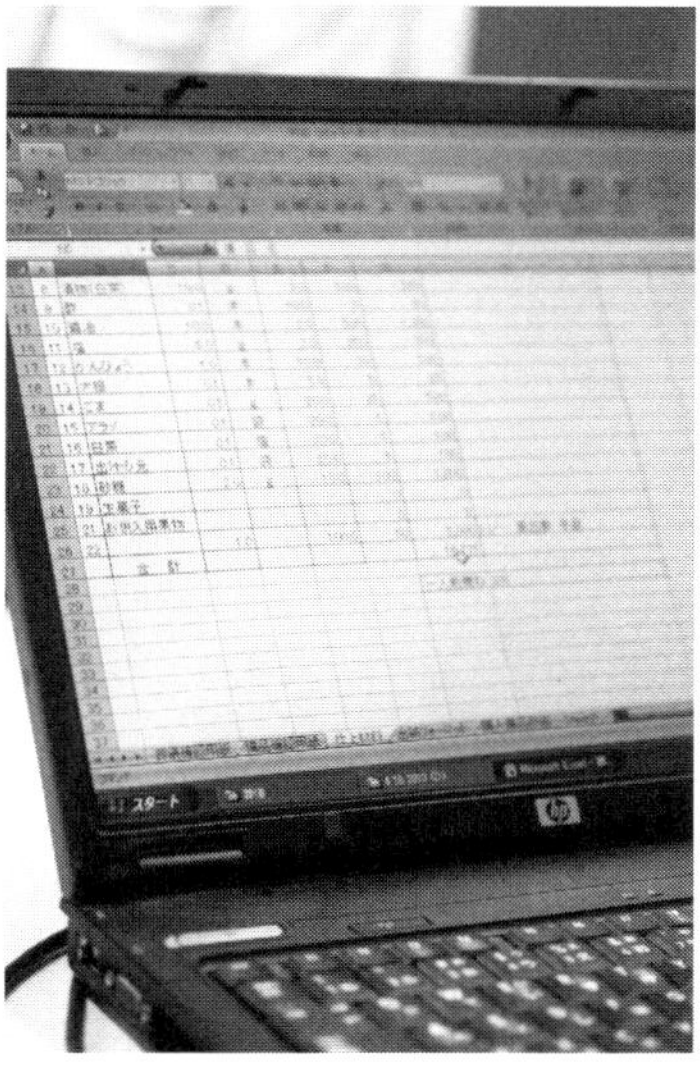

役割分担のチェックリストや葬儀委員長のあいさつ文、葬儀の段取りなどマニュアルを作成。必要なときに刷り出せるようにした
（高木あつ子撮影）

農地を守りながら地域を潤すために
山の集落で地域通貨

島根県邑南町出羽自治会　沖野弘輝

「講」や「手間替え」を現代の形に

島根県邑南《おおなん》町出羽《いずわ》地区。12の集落（約４００戸）から構成されるこの地区は、平成16年の町合併をきっかけに、全国のほとんどの中山間地域が抱える「過疎化」「高齢化」による地域コミュニティの崩壊を防ぐため、出羽自治会を組織した。

組織構成は全体を見る総括のほかに、安全を担当する総務部、ふれあい・定住を担当する交流部、地域福祉を担当する生活部、地域産業の活性化を担当する産業部の４部からなっている。どの部も月１回から２回の部会を開催し、さまざまな活動を展開している。

自治会の最大テーマである「地域で共に暮らし、お互いを尊重し、助け合い、協力して地域を作る」に向かうために、地域住民が従来の役割を越えた「お互い様の気持ち」を醸成させるツールとして、平成24年度から地域通貨の試験運用を開始した。

昔は集落に「講」や「手間替え」などの共同の組織や作業があり、冠婚葬祭や労働などをみんなで分かちあい、共に助け合うことで地域を守ってきた。衰退してきたこの取り組みを現代に活かし、これまでの小さな集落単位から出羽地域という大きな枠組みの中で、古くて新しい「手間替えのシステム」を結びなおすことができれば、新しい形のコミュニティが構築されるのではないだろうか。これを現代で始めるには、人と人を結ぶツールとして地域通貨が有効である。そんな

非農家を含む地域住民有志が遊休農地で飼料イネとダイズを栽培。作業労賃は地域通貨

地域通貨「かっぱ」。取扱説明書に使える商店名などが明記されている

想いで始まったものである。

地域通貨の単位は「かっぱ」

けっこう難しいことを考えながらのスタートであるが、簡単に言えば、ちょっとしたことを隣近所の人に頼みましょう。その際にお金を払うのは無粋なので地域通貨で気軽に払いましょう。例えば、大雪が降った。高齢者が家から出ることができない。近所の人が雪かきをしてあげる。「どうもありがとう。はい、地域通貨」――。こんな感じで通貨が回れば、地域のみんなに相互扶助の気持ちが定着するはずである、という目論見である。

この地域通貨は自治会が発行し、地域に出回った後は、地域内限定の商店でも使用できるようにした。食品店や美容店、タクシー、ガソリンスタンドなどの26店舗が協力店となっている。

ところで、地域通貨の単位は

「かっぱ」である。出羽地域にはカッパ伝説があるわけではないのだが、昭和50年代に地域の町おこしグループである「桜成会」が、地域を流れる出羽川でキュウリをバトンに駅伝大会を開催した。これが盛況で20年続くイベントとなり、以来、出羽地域ではさまざまなことがカッパである。ちなみに、地域通貨のレートは変動せず、1円＝1かっぱとなっている。

1年で70万円分が出回った

大層な理由で始めた「かっぱ」だが、そうすぐには広がらない。まずは地域に「かっぱ」を流通させるため、地域の運動会や祭りで景品として配った。そして、生活部が担当する地域のお助け隊である「人材バンク」で活用することにした。これは、さまざまな特技を持った人材を、地域で上手に活用していくことを目的に立ち上げた組織で、別に特技がなくても地域の役に立ちたい人が自分で登録する仕組みである。この活動に対して支払われる賃金を「かっぱ」で支払うことにした。

２０１２年12月現在で、これまでの発行総額は約70万かっぱ。今年度は試験運用だが、年度末の３月で70万かっぱが地域商店で使用される予定である。

遊休農地２haで飼料イネなどを栽培

ここ出羽地区は農業面でも典型的な中山間地帯である。担い手の高齢化、集約できない農地、その他諸々の理由から将来がとても心配である。そこで産業部が中心となり、アンケート調査や集落営農化の検討も行なったが、なかなか決定打が出ない。そんな中で人材バンクを活用して自治会と農家を結ぶことを行なった。

担い手不足、耕作放棄地の発生、農家の減少など農家の抱える問題は、これまで農家だけで話し合い、農家だけで解決しようとしていた。この問題を地域の問題とし、非農家を含めた自治会で検討することで、別の視点から新しいアイデアが生まれるはずである。

本年はこれも試験的な実施であるが、遊休農地２haで飼料イネとダイズの栽培に取り組み、その作業をすべて人材バンクから派遣された人が行なった。

収穫作業は町内で刈り取りを行なっている組織に委託したが、その他の管理は派遣された地域の人材である。トラクタと田植え機をリースして、機械のオペレーター、作業補助員、草刈りなど全作業に時給１００0かっぱを支払ったところ、意外に人件費がかからず、25万かっぱですんだ。当初の予測では売上から経費（人件費のかっぱも含む）を差し引いた分がトントンになると思っていたが、最終的には15万円程度の利益が生じ、大成功だった。

「お互い様の気持ち」を醸成させて、地域が潤っていく仕組み

農作業で今回派遣された人材は非農家が多い。酒屋さん、作業員さん、歯医者さん、役場やＪＡ職員など職種はさまざまで、年齢層も20歳代から70歳代までと幅広かった。どこの地域でもできるというものではなさそうなので、なぜか誇らしく期待もできる。

「かっぱ」を使用した人に感想を聞くと、「お金が地域外へ出て行かないので地域のためになっている気がする」「惜しい気持ちにならず家族へあげることができるので家族に褒められる」など肯定的である。いつもは都市部へ出かけたときにディスカウント店で買ってしまう酒や薬などを、地域の商店で買う傾向も見られるので、しっかり農商連携になっている。

本年の実証でかっぱの環境は整った。25年度は本格稼働するつもりでいる。地域で会社を興し、農家のサポートを地域全体で行ない、農業生産高を上げ、社員を雇用し次世代へ繋ぐ。地域貢献に寄与する事業を多角的に展開し……と、構想は大きいのだが急がずに丁寧に組み立てていきたい。

ベースにあるのは「お互い様の気持ち」。農地の問題は農家だけの問題ではなく、商店の問題も高齢者の問題も、地域の問題はみんなの「お互い様の気持ち」で解決していくことにしているから。

（おきの こうき 『現代農業』２０１３年３月号掲載）

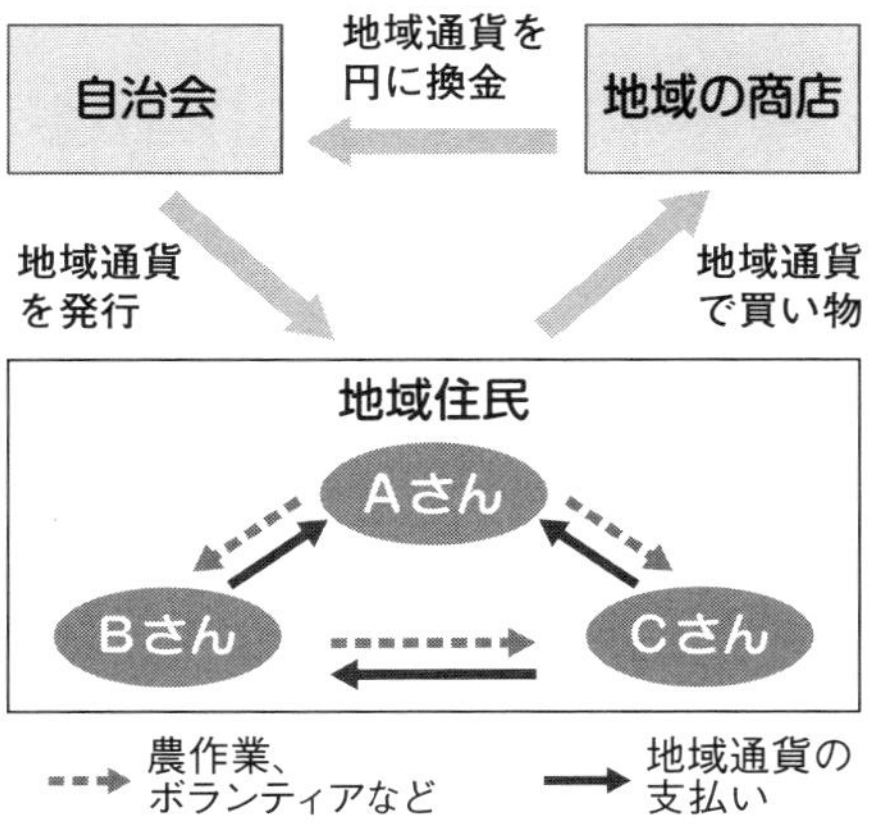

※地域通貨の原資は現状、地域住民からの寄付や飼料イネ・ダイズの収入など。今後は草刈りや雪かきなどを頼む側の人からもお金を集めていく予定

地域通貨が回るイメージ

JAの取り組み

新農政の活用による地域営農ビジョン実践強化

平成26年3月

JA全中営農・農地総合対策部　担い手・農地対策課　課長　田村政司

1、JAグループ地域営農ビジョン運動の意義と課題

(1) 地域営農ビジョン運動の意義

JAグループでは、平成24年10月の第26回JA全国大会を受けて、「地域営農ビジョン策定・実践全国運動」に取り組んでいる。ビジョン運動は、集落・学校区など地域の実情をふまえた適切なエリアを定め、農家組合員が主体となって、将来の地域営農のビジョンを策定し、実践、見直しを積み重ね（PDCAの実践）、農家組合員の所得向上、生産拡大、農を通じた豊かな地域づくりを実現していく組合員主体の地域運動である（図1）。

ビジョンにおいては、①大規模農家、農業法人、集落営農、新規就農者など地域の実情をふまえた担い手経営体の明確化と農地集積、②野菜づくり・直売所出荷、水管理・草刈りによる担い手支援など多様な担い手の役割の明確化、③地域の重点作物・作付計画など特色ある産地づくり、④環境保全、食農教育、高齢者福祉、鳥獣害対策など農を通じた豊かな地域づくりの

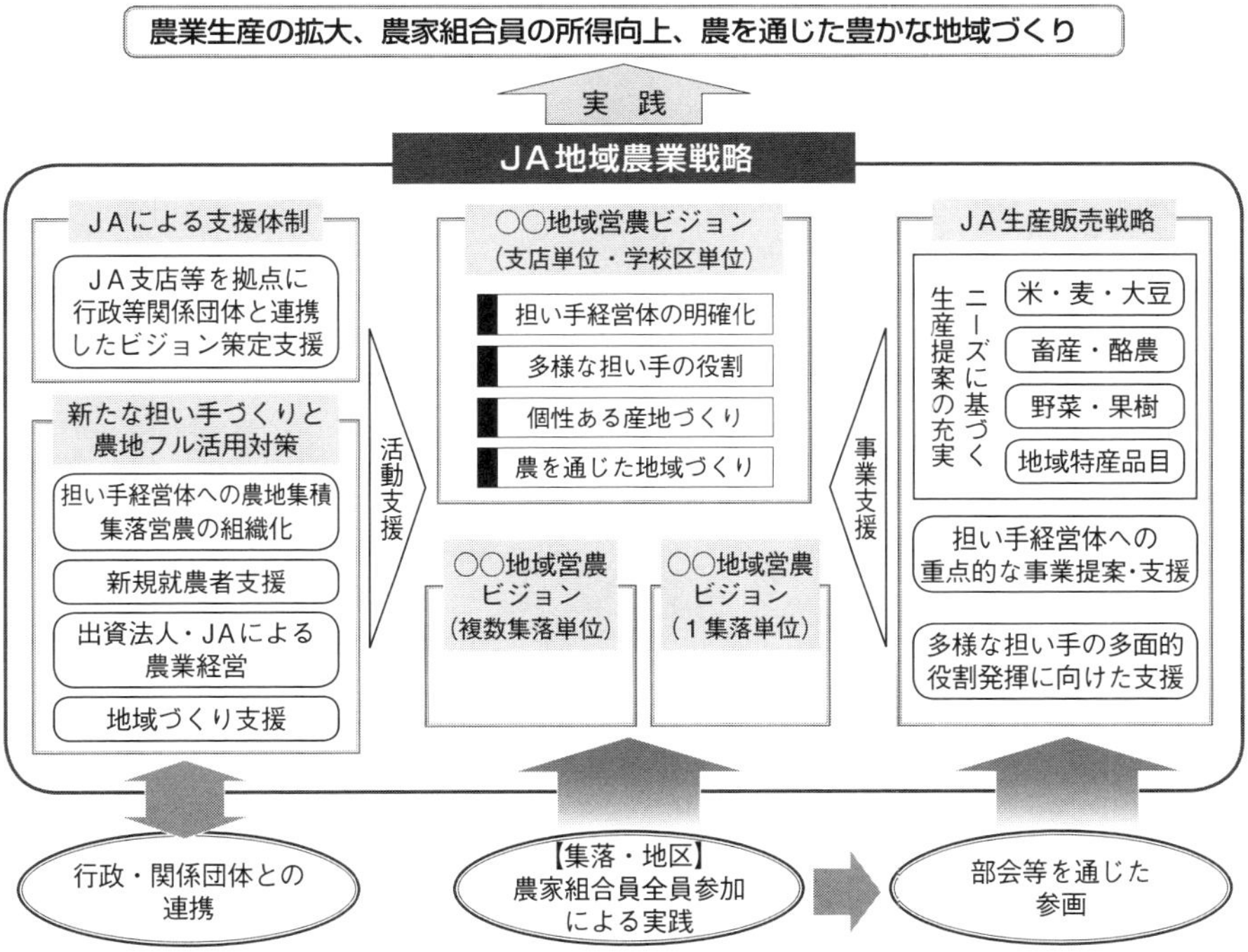

図１　地域営農ビジョンにもとづく地域農業戦略強化・再構築のイメージ

４つの重点課題について、合意形成を進め、担い手経営体と多様な担い手が役割分担をはかり、ビジョン実践を進めることとしている。

組合員主体の運動といっても、ＪＡ・行政等関係機関の役職員の支援なくして、ビジョン策定・実践は進むものではない。ＪＡ・地域営農センターを拠点として、関係機関役職員で、集落・地区ごとに担当する地域営農支援チームを設置し、①話し合い・合意形成活動支援、②農地中間管理事業を通じた農地利用集積支援、③集落営農の組織化・法人化支援、④ＪＡ販売計画にもとづく重点作物と作付計画の提案、⑤総合事業を活かしたＪＡ事業提案、⑥政策活用提案を行なうとともに、ビジョンを積み上げ、ビジョンと連動したＪＡ事業計画を統合し、ＪＡ地域農業戦略を強化・再構築していくこととした。

(2) ビジョン運動の背景・理由

地域営農ビジョン運動を提起したのは、

①ＪＡとして地域農業戦略を策定し、管内全体の農業振興構想を明確化してきたが、合併・広域化が進むなかで、ＪＡ全体の地域農業戦略のみでは、地域特性を生かした戦略づくりが困難である、②農家組合員の参加を通じた計画づくりと実践に向けた当事者意識がなによりも重要であり、集落・地区など農家組合員にとって身近な単位での地域営農ビジョン＝ミニ地域農業振興計画が必要である、③70歳以上の農家正組合員が4割、65歳以上が5割を占めるなかで、次世代の地域農業の担い手を確保していくために、集落・地区など地域的まとまりのなかで経営の基盤である農地の面的まとまりをつくる必要があると考えたからである。

また、正組合員の非農家化、准組合員化が進み、ＪＡの組織活動・事業利用・経営活動が弱まっていくなかで、ＪＡとして、地域住民を含む多様な担い手の農業とのかかわり、地域活動への参加の場づくりを意識的に行ない、世代交代期におけるＪＡ基盤の再構築をはかる必要があることも大きな理由である。

(3) ビジョン運動の取り組み状況と課題

25年4月時点において、都市地帯を除くすべての中央会でビジョン運動方針が策定された。ＪＡにおいては、ビジョン策定・実践に取り組んでいるＪＡが31 1ＪＡ、今後検討するＪＡが228ＪＡで、取り組み方針を策定しているＪＡが236ＪＡとなっており、一定程度の普及は進んでいる。

しかしながら、現場実態をみると、平成16年からの米政策改革をふまえた水田農業ビジョン運動に際して、集落レベルからのビジョン策定・実践に取り組んできたＪＡを除けば、地域営農ビジョンと一体的に進めることとした市町村による人・農地プランに協力している段階のＪＡが多いとみられ、農家組合員が主体となった本来のビジョン運動実践は今後の課題である。地域の取り組みとして定着するまで、少なくとも10年はねばり強く取り組んでいく必要がある。

一方で、市町村による人・農地プランの仕組みの問題があった。農林水産省として、24年度から①プランの策定主体として市町村を位置づけるとともに、メリット対策として、②プランのなかで中心経営体として位置づけられた認定農業者・新規就農者にスーパーL資金の無利子資金、青年就農給付金を交付することとした。

この結果、市町村として、認定農業者や新規就農者などの政策希望に急ぎ対応せざるをえず、政策希望者を取り急ぎ募集し、プランに掲載するという、政策対応型のプランづくりが先行し、なかには、市町村全域という、およそ地域の話し合いを前提としない人・農地プランも少なくない。そして、ＪＡとして、政策対応型のプランづくりに参加＝地域営農ビジョン策定・実践しているという状況が生じてしまった。

ＪＡ・行政が一体となって、地域の話し合いと合意形成にもとづく人・農地プランと一体的な地域営農ビジョン策定・実践に向けたねばり強い取り組みを推進する一方で、政策支援対策の見直しが課題となっていた。こうしたなかで、26年度から新農政がスタートすることとなった。

２、新農政のポイントと課題

(1) 新農政のポイントと課題

①米生産目標数量にしたがって生産する農業者への１万５０００円／10ａの米直接支払交付金について、26年産以降７５００円／10ａとし、29年産までとする。バラマキ政策とも批判されたが、稲作経営の安定と米の計画生産に大きな効果があり、制度継続を前提として、規模拡大、設備投資、新規雇用をすすめてきた大型経営への影響が大きい。

たとえば、大規模水田経営の10ａ収入10万円、所得率50％とした場合、15ha×10万円×50％＝７５０万円、15ha×転作率60％×７５００円／10ａ＝67・５万円、67・５万円÷７５０万円＝△９％の所得減となる。金額ベースでみれば、規模が大きければ大きいほど、所得減少額が大きくなるわけであり、交付金を前提に規模拡大、設備投資、新規雇用を行なってきた大型法人経営にとっては、大きな打撃である。

②直接支払交付金の対象者への米の標準的生産費を下回る分を国が全額補てんする米価変動交付金を廃止し、米・麦・大豆等の土地利用型作物の販売収入を合算し、収入減少額の９割を国３／４、農業者１／４で造成する資金から補てんするナラシ対策に一本化し、対象者を認定農業者、集落営農、認定就農者に限定する。

米価変動交付金は、制度スタート時の22年産米価下落要因となったが、農業者にとって万が一の保険として大きな意義があった。ナラシ対策については、収入減少を緩和する効果（収入減少の９割×３／４＝67・５％補てん）はあるが、不十分であり、担い手の経営の将来展望を支える観点からは、新たな経営安定対策の検討が課題である。

③水田活用対策（転作対策）について、市町村単位で水田フル活用ビジョンを作成することを要件として、転作面積拡大、飼料用米の数量支払と専用品種導入、加工用米の複数年契約、備蓄米への追加助成を行なう政策として、現行の産地交付金を拡充（予算額５３９億円→８０４億円）する。

　産地交付金の拡充により、米の計画生産からリタイアする動きは全国的にはみられないが、今後とも米の計画生産による米価安定とともに、麦・大豆、さらには飼料用米など、土地利用型作物の生産振興に向けた地域単位での取り組み強化が課題である。

④多面的機能直接支払を創設し、地域の農業者組織による農地・農道・水利施設の維持管理への協同活動に対し、農地維持支払（３０００円／10ａ都府県・田）、資源向上支払（２４００円／10ａ都府県・田）を措置する。

　財源負担が国50％、県・市町村25％であり、地方交付税による負担軽減措置があるものの、見合い負担ができない県・市町村もある。27年度に向けて、財源負担のあり方とともに、農業者の経営面積に応じた支払いなど、安定対策の代替措置としての位置づけと運用について検討することが課題である。

⑤農地中間管理機構については、産業競争力会議のなかで、農外企業による農業参入をしやすくするとともに、ＪＡや農委など現行の農業振興組織に頼らない仕組みとして議論がなされたが、国会での附帯決議によりａ．地域の担い手を優先する、ｂ．ＪＡ・農委を含め実績と能力のある組織に機構業務を委託する、ｃ．機構集積協力金を大幅に拡充することとなった。

　これらをふまえ、ＪＡとして、機構からの業務委託を受けて、市町村・農業委員会と連携し、協力金を活用しながら、地域の担い手、とりわけ集落営農の組織化・法人化と農地集積への取り組みを積極的に進めていくことが課題である。

（2）機構集積協力金について

　新農政のなかでも、とりわけ機構集積協力金は、地域営農ビジョンにもとづく地域の話し合いと合意形成にもとづく農地利用調整、集落営農の組織化・法人化に大きな推進力を発揮する政策であり、ＪＡとして最

表1　地域集積協力金

集積率	基本単価	特別単価①		特別単価②		H30年度～ ※基本単価
		H26年度	H27年度	H28年度	H29年度	
2割超5割以下	1.0万円/10a	2.0万円/10a	2.0万円/10a	1.5万円/10a	1.5万円/10a	1.0万円/10a
5割超8割以下	1.4万円/10a	2.8万円/10a	2.8万円/10a	2.1万円/10a	2.1万円/10a	1.4万円/10a
8割超	1.8万円/10a	3.6万円/10a	3.6万円/10a	2.7万円/10a	2.7万円/10a	1.8万円/10a

※交付対策はすでに利用権設定されている農地を含めて機構に貸し付けた農地（過去に規模拡大交付金を受領した農地を含む）

表2　経営転換協力金

機構への貸付面積	交付単価
0.5ha以下	30万円/戸
0.5ha超2ha以下	50万円/戸
2ha超	70万円/戸

大限活用していくことが必要である。機構集積協力金は、地域集積協力金、経営転換協力金、耕作者集積協力金の3つの対策から構成されるが、そのうち地域集積協力金と経営転換協力金の要件と適用例・交付金額は、以下のとおりである。

①第1に、地域集積協力金について、表1に示すとおり、集落や地区など地域でまとまって機構に農地を集積した場合に、集積率に応じて地域（農家組合等）に協力金が交付されるが、26・27年度特別単価①、28・29年度特別単価②、30年度以降基本単価が設定され、早く取り組めば取り組むほど、高い単価が適用される。地域集積協力金は、機構に利用権を集積することが目的であり、すでに利用権が設定されている農地であっても、機構に利用権を再設定することで交付対象となることがポイントである。

②第2に、経営転換協力金については、稲作から園芸等への作目転換、自給農業・離農など経営転換し、機構に10年以上農地を貸し付けた場合に貸出者に対して、表2に示すとおり、貸付面積に応じて協力金が交付される。すでに農地を利用権設定し、農産物を販売

○段階的集積方式（地域集積協力金＋経営転換協力金）

【例】A地域の全農地面積45ha、農家30戸の場合（1戸あたり面積1.5ha）
既に、約13%にあたる6haに利用権が設定されている場合

〈A地域の農地イメージ〉

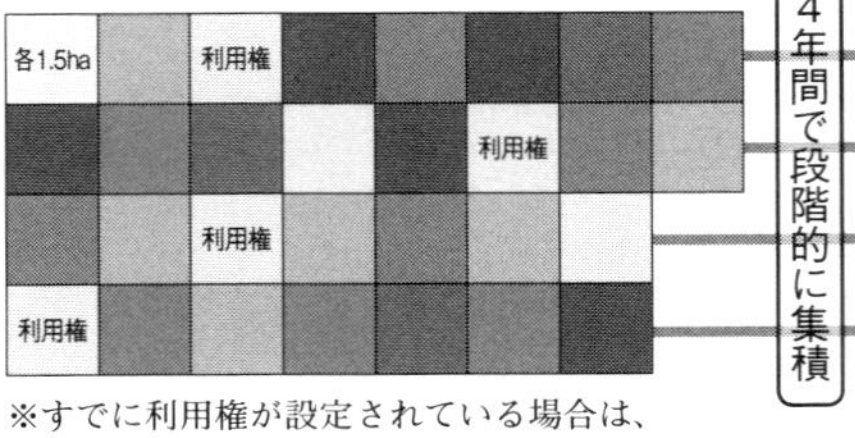

年度	集積面積 ＊	設定済	新規設定	集積率 ＊/45ha
1年目 (H26年度)	12ha	−	12ha	26.6%
2年目 (H27年度)	24ha	12ha	12ha	53.3%
3年目 (H28年度)	34.5ha	24ha	10.5ha	76.6%
4年目 (H29年度)	45ha	34.5ha	10.5ha	100%

※すでに利用権が設定されている場合は、
機構へ再設定

【地域集積協力金】交付先：地域（配分は任意）

1年目：12ha×2.0万円(10a)　= 240万円
2年目：12ha×2.8万円(10a)　= 336万円
3年目：10.5ha×2.1万円(10a) = 220.5万円
4年目：10.5ha×2.7万円(10a) = 283.5万円

1～4年合計額：1,080万円

【経営転換協力金】交付先：出し手個人
（過去に農地集積協力金の交付を受けていない者）

1年目：交付単価50万円×7戸(各1.5ha) = 350万円
2年目：交付単価50万円×7戸(各1.5ha) = 350万円
3年目：交付単価50万円×6戸(各1.5ha) = 300万円
4年目：交付単価50万円×6戸(各1.5ha) = 300万円

1～4年合計額：1,300万円

図2　機構集積協力金の活用と効果のイメージ（例1）

していない者は対象外であるが、集落営農を組織化・法人化し、集落営農の構成員となり、引き続き農業に従事する場合でも、協力金の対象となる。また、地域集積協力金の対象地域の出し手農家へも交付されることがポイントである。

次に、活用例と交付金額について、2つの方式について、例示したい。これは、現場での機構集積協力金の理解と活用を促すため、JA全中が独自に作成したものである。

③第1に、段階的集積方式である。例1（図2）に示したとおり、1・5haの農家が30戸（4戸はすでに利用権設定し自給農業）いる45haのA地域において、機構集積協力金を活用して、特別単価が適用される26～29年度にかけて、段階的に地域の担い手に農地を集積していくとすると、地域集積協力金の交付総額は1080万円。

経営転換協力金は、機構に利用権を設定し、経営転換した出し手農家に対して交付さ

○集落営農一括集積方式（地域集積協力金＋経営転換協力金）

【例】Ｂ地域（集落営農組織）の全農地面積45ha、農家30戸の場合（１戸あたり面積1.5ha）
特定農作業受託から機構を通じた利用権設定に切り替え

〈Ｂ地域の農地イメージ〉

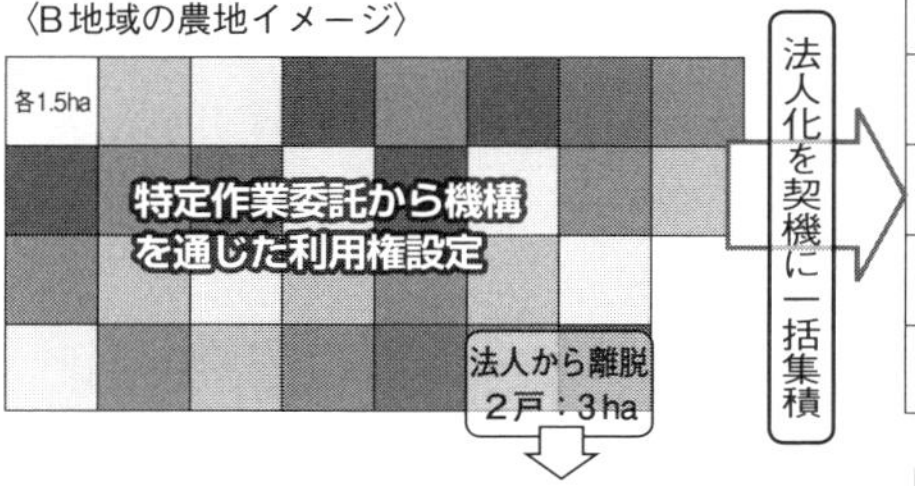

年度	集積面積＊	設定済	新規設定	集積率＊/45ha
１年目（H26年度）	集積なし	－	－	0%
２年目（H27年度）	42ha（法人化）	42ha	42ha	93.3%
３年目（H28年度）	42ha	－	－	93.3%
４年目（H29年度）	42ha	－	－	93.3%

【地域集積協力金】交付先：地域（配分は任意）

１年目：なし
２年目：42ha×3.6万円(10a)＝1,512万円
３年目～４年目：なし

地域の組織への交付額合計：1,512万円

【経営転換協力金】交付先：出し手個人
（過去に農地集積協力金の交付を受けていない者）

１年目：なし
２年目：交付単価50万円×28戸(各1.5ha)＝1,400万円
３年目～４年目：なし

地域の農業者への交付額合計：1,400万円

〈参考①〉法人化の後、３年目で集積した場合
３年目：42ha×2.7万円(10a)＝ 1,134万円

〈参考②〉法人化の後、５年目で集積した場合
５年目：42ha×1.8万円(10a)＝ 755万円

⇒ 特例期間内に法人化し、機構に集積するほうが有利

図３　機構集積協力金の活用と効果のイメージ（例２）

れる。すでに利用権を設定していた農家４戸を除き、交付総額は50万円×26戸＝１３００万円。地域と農家に交付される交付金総額は２３８０万円となる。

④第２に、集落営農一括集積方式である。例３（図２）に示したとおり、１・５haの農家が30戸いるＢ地域において、45haの任意の集落営農組織が活動しており、26年度に話し合いを行ない、27年度に法人化（２戸３haは法人不参加）し、機構集積協力金を活用して、機構を介して、集落営農法人に利用権を設定した場合、地域集積協力金の交付総額は42ha×３・６万円／10ａ＝１５１２万円、経営転換協力金は、50万円×28戸＝１４００万円。地域と農家に交付される協力金総額は２９１２万円となる。

このように地域でまとまって農地集積に取り組むことにより、これまでにない水準の交付金が地域と出し手農家に交付される。ＪＡ等関係機関役職員による集落・地区の実情に応じた政策活用提案力が決定的に重要である。

3、新農政の活用による地域営農ビジョン実践強化

(1) 新農政の特徴と対応の考え方

民主党政権下での農政の特徴は、すべての稲作農業者に対して、計画生産への参加を条件に国が直接所得補償交付金を支払う点にあったが、新農政の特徴は、地域を単位とした農業者の組織化と合意形成活動を促し、漸進的な構造改革と農業者の所得確保を進めていく点にある。

このことは、地域の合意形成活動を積極的に展開できる地域・JAでは、新農政を活用し、将来の地域農業の基盤づくりをすすめていくことができるし、そうでない地域・JAでは、これまで以上に厳しい状況になることを意味する。新農政は、地域の農家組合員を組織し、協同活動をコーディネートするJAの力量が問われる政策である。

米直接支払の減額と時限措置化など、新農政は農家組合員にとって厳しいものであるが、決まった以上、JAグループとして、政策をフルに活用し、地域営農ビジョン策定・実践に全力をあげるとともに、見直すべきは見直すべく今後とも農政運動に取り組んでいくことがJAの責務である。

(2) 地域営農ビジョン重点推進対策のポイント

こうした考え方に立って、JAグループとして、26年度において、重点推進機関、重点推進地域を定め、「新農政フル活用による地域営農ビジョン重点推進対策」に取り組んでいくこととしている。取り組みのポイントは以下のとおりである(図4)。

①農地中間管理事業(担い手農地政策)、水田フル活用ビジョンと産地交付金(生産振興政策)、多面的直接支払(地域政策)について、集落・地区など地域段階で一体的に運用し、地域営農ビジョン策定・実践につなげていく。

②そのために、JAと市町村等関係機関で政策活用の方向について共有化をはかり、関係機関役職員で、集落・地区ごとに地域営農支援チームを編成し、地域ごとにそれぞれの実情にあったビジョン及び政策活用提案を行なっていく。

③また、JAとして円滑化事業に取り組んできた実績をふまえ、機構からの業務委託を受け、農作業受委託をメインとする円滑化事業との住み分けを行ないつつ、人・農地プランを作成する市町村、農地台帳を管

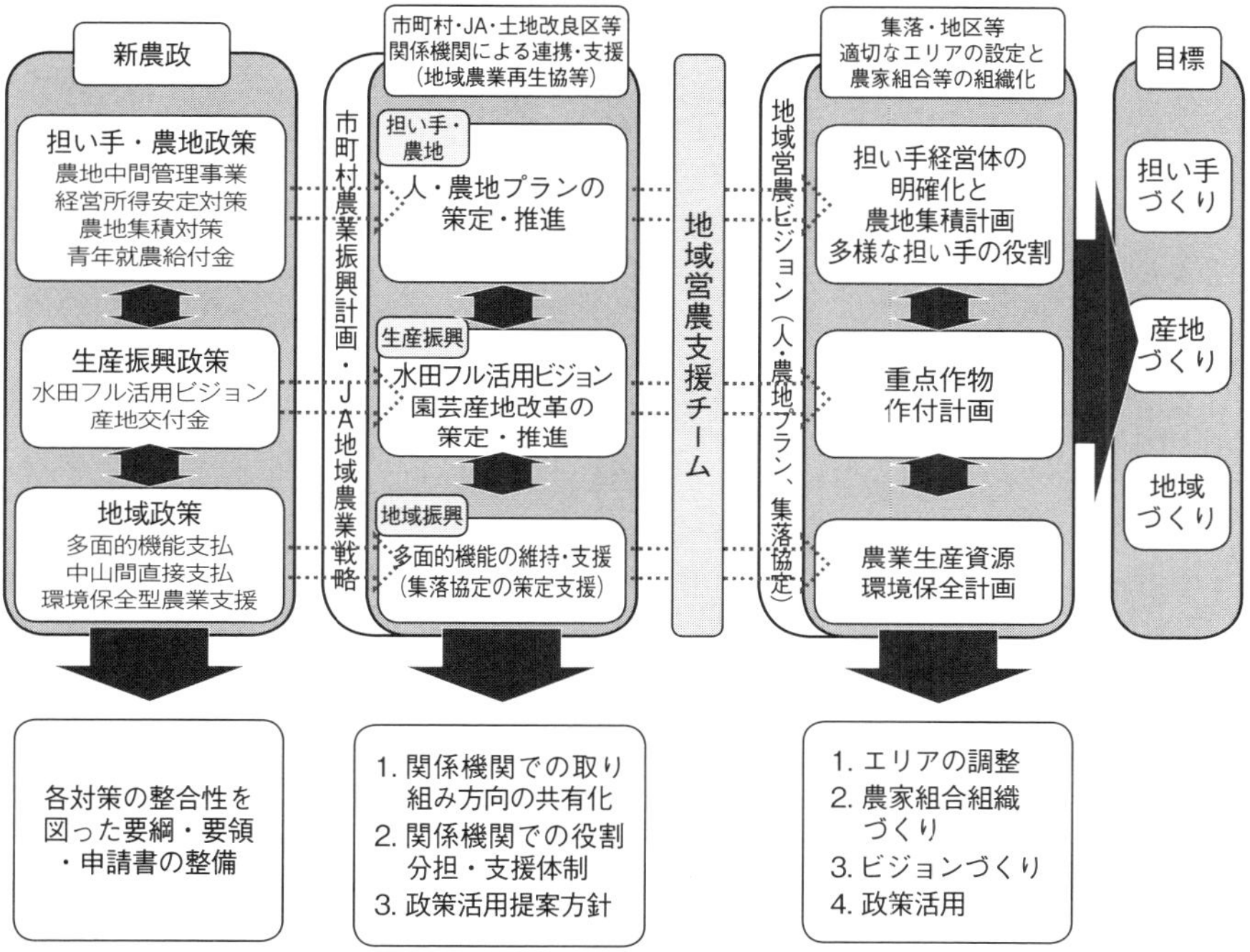

図４　新農政のフル活用による地域営農ビジョン強化への今後の取り組み（イメージ）

理する農業委員会と連携・役割分担をはかり、地域の合意形成にもとづく担い手への農地利用集積を強化していく。

④とくに、農地中間管理事業を活用した地域の担い手経営体の明確化と農地利用集積、集落営農の組織化・法人化を最重点課題と位置づけて取り組む。

4、地域営農ビジョン実践強化における諸課題

（1）エリア設定と組織づくり

ビジョン策定・実践のエリア・組織は、戦略的な重要課題であり、最終的なビジョンのあり方を方向づける重要な要素となる。地域の農家組織、担い手の状況、中心となる作物、さらにＪＡや行政等の支援拠点などを総合的に勘案し、決定する必要がある。

水田地域は水利調整のまとまりとしての集落→複数集落→学校区・ＪＡ支所などの地縁的エリア、園芸地域は販売事業拠点としての選果場・営農センターなど

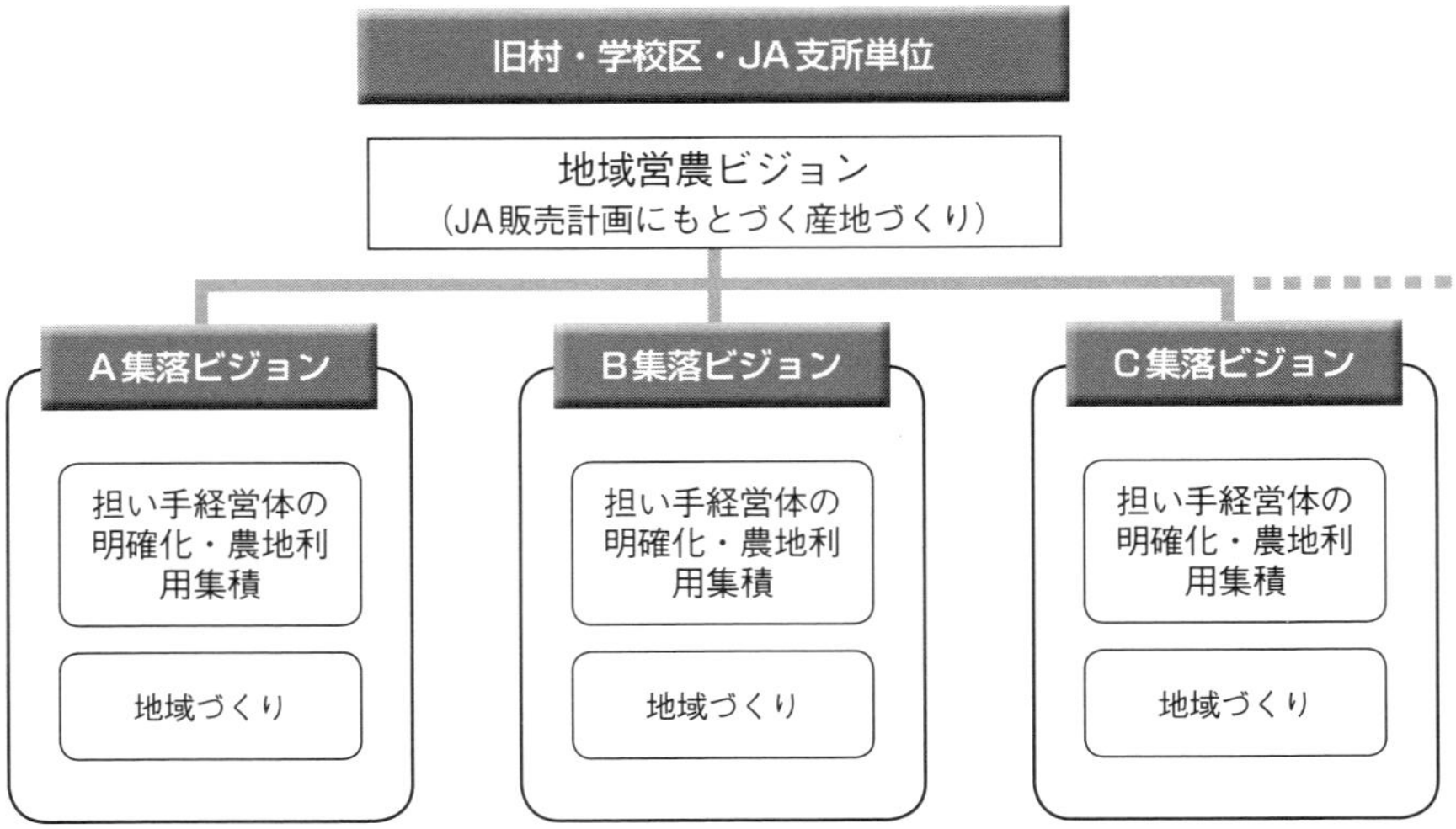

図５　重層広域型例

事業エリア、都市近郊地域は地域協同活動の拠点としての支所エリア、中山間地域は谷あいの複数集落など街道筋エリアが想定されるが、現状の地域的まとまり・組織を再編成することを含めて、検討していくことが必要である。

また、ひとつのエリア・組織でビジョンを描く単一型のみならず、土地利用調整を担う集落組織、営農センター単位の作目別部会、地域資源管理を担う土地改良組織など、目的とエリアが異なる組織を重層的に組織し、連携をはかり、機能発揮していくことも必要である（図５）。

さらに、合意形成組織である農家組合の活性化をはかる観点から、法人化をはかり、草刈業務など担い手支援事業、直売所や加工・配食サービスなどのコミュニティービジネス、多面的直接支払などの補助金を活用した地域資源管理業務を担うことを検討することも課題である。法人化により、①施設・車両の法人所有が可能となる、②利益の繰越・内部留保手続きが簡単になる、③構成員の連帯保証を受けずに融資が受けられるなどのメリットがある。

（2） 地域の支援体制づくり（リーダー、集落担当、ＯＢ活用、ＪＡ委託）

農家組合員が主体となったビジョン策定・実践にあたっては、組合員リーダーや組織活動を支援する事務局、政策活用提案、ＪＡ事業提案を行なうＪＡ・行政等関係機関の役職員の支援が必要不可欠であるが、夜や土日を含む組織活動を地域で全面展開するとなると、営農指導員・行政農政課スタッフだけでは限界がある。

ＪＡ・行政・普及ＯＢを嘱託職員として再雇用し、きめ細かな地域の合意形成活動を支援する取り組みが広がっており、国もこうした職員の人件費支援をさまざまな形で措置している。また、信用・共済・総務部門を含むＪＡ全職員を出身地域の組織活動の事務局として配置し、日常の専門業務と地域協同活動の支援にあたらせる集落担当性を導入するＪＡも徐々にではあるが増えてきている。

地域営農ビジョンは、地域を単位として合意形成をはかり実践していくということを通じて、組合員・役職員が協同組合のメンバーとしての自らの役割を学ぶ場である。組合員・役職員の実践的協同組合教育活動として位置づけ、支援体制づくりを検討していくことも課題である。

（3） 集落営農の組織化・法人化に向けた取り組み

19年度からの品目横断的経営安定対策に対応するため、ＪＡグループとして集落営農の組織化を大きく進めたが、その後の戸別所得補償制度など政策転換もあり、法人化などその後の経営発展に向けた取り組みが進んでいない状況にある。ＪＡとして、26年度からの機構集積協力金を最大限活用し、集落営農の法人化・経営発展に向けた取り組みを推進支援していくことが必要である。

ＪＡとして組織化・法人化支援はもちろんのこと、集落営農法人の記帳代行・税務申告支援、資本増強に向けたＪＡ出資、ネットワーク化をすすめ、ＪＡと集落営農の関係強化にむけた枠組みづくりを進めるとともに、今ある組織をそのまま法人化するだけでなく、将来をふまえた合併提案、新たな集落営農の組織化を推進していくことが課題である。

（4） ＪＡによる農業経営の全国的な拡大

水田農業については、平場地域では認定農業者、農業法人、集落営農を軸に農地集積を進めていくことが基本であるが、担い手が不足し、農地の受け手がみつからない状況のなかで、食品関連企業を中心に野菜作への農業参入が進んでおり、こうした状況をふまえれば、農外からの新規就農者の育成支援とともにＪＡ自らが農業経営を行なう必要性が高まっている。

ＪＡによる農業経営については、農家組合員との競合が生じること、労働の季節的繁忙性や採算性を確保することがむずかしいことから、ＪＡとしては慎重な対応であったが、担い手が不足する状況や世代交代のなかで、①農家組合員からの要望、②地域の生産量維持、③地域の雇用の受け皿、④新規就農者の育成研修の場として、ＪＡによる農業経営の取り組みを全国的に広げていくことが課題である。

5、ＪＡ営農経済事業の革新に向けたＪＡトップマネジメント

水田農業など土地利用型農業については、基盤整備が進んでいる地域において農地利用集積、規模拡大が進んでいるが、農家組合員の高齢化と後継者不足が進むなかで、野菜・果樹、畜産など労働集約型作目は、中山間地域農業においては過去10年で大きく生産量が減少してきている。世代交代期を本格的に迎える今後10年で、地域営農ビジョンに本気で取り組んでいかない限り、地域農業は条件のよい地域での限られた担い手による業となってしまうであろう。

また、ＪＡの組織活動・事業利用・経営を支えてきた70代の正組合員がリタイアするなかで、ＪＡ営農経済事業を支えてきた信用事業、共済事業の取扱高の伸び悩みどころか、減少に歯止めがかからず、ＪＡ事業全体の縮小・再生産の負のスパイラルに陥ることが強く懸念される。

バブル崩壊後の合併・リストラが一巡し、ＪＡ経営が一定安定しているいまこそ、地域農業の維持拡大、ＪＡ営農経済事業の革新――リストラ・合理化ではなく、事業拡大という意味において――に向けてＪＡグループが一丸となって取り組む必要がある。27年度に向けてＪＡ全国連として全国支援基金をつくり、ＪＡ現場における基盤拡大に向けた取り組み支援策を具体化していく所存である。ＪＡにおいては、もっとも重要な経営資源である人材の重点配置など、地域農業振興に向けたトップマネジメントを期待する次第である。

視察に行くより
よくわかる

農文協・
集落営農映像シリーズ

2004年から発行してきた集落営農の映像シリーズ（ＪＡ全中 企画、農文協 制作・発行）が、今年でちょうど10年を迎えた。

これまで取り上げた事例は全国各地から25件。地域の実情にあわせて展開する取り組みはどれも個性的で、創意工夫の宝庫だ。

それらの事例のなかから、集落の合意形成のヒントになりそうな実践をいくつか紹介してみたい。

映像シリーズに登場する事例一覧

㈵グリーンウエーヴ西仲（H18設立 北海道中富良野町）
ＪＡいわて中央（岩手県盛岡市ほか）
ＪＡいわて花巻（岩手県花巻市ほか）
㈵立花ファーム（H12設立 秋田県大館市）
㈱和農日向（H19設立 山形県酒田市）
㈲グリーンファーム（H11設立 福島県昭和村）
ＪＡ会津みどり（福島県㈲ごんべい、㈲しんかい農耕、谷地生産組合他）
寺坪生産組合（S63設立　富山県黒部市）
㈲すえひろ（H7設立 石川県珠洲市）
㈵北の原（H18設立 長野県駒ケ根市）
㈱グリーンちゅうず（H3設立 滋賀県野洲市）
㈵酒人ふぁ～む（H14設立 滋賀県甲賀市）
㈲グリーンワーク（H15設立 島根県出雲市）
㈵ひやころう波佐（H19設立 島根県浜田市）
㈵おくがの村（S62設立　島根県益田市）
㈵重兼農場（H2設立　広島県東広島市）
㈵ファーム・おだ（H17設立 広島県東広島市）
ＪＡ三次（広島県　㈵なひろだに、㈵海渡、㈵ファーム紙屋他）
俵津農地ヘルパー組合㈱（H18設立 愛媛県西予市）
㈵雷山の蔵（H19設立 福岡県前原市）
㈲八丁島受託組合・㈵八丁島営農組合（H9設立 福岡県久留米市）

※注　組織の名称は取材当時のものです

実践 その❶ 集落アンケートを貼り出してみる

住民全戸が参加する広島県東広島市の自治組織「共和の郷・おだ」の活動拠点となっている廃校を訪問したときのこと。黒板いっぱいに広がった掲示物に思わず目がクギづけになった。

「水辺のビオトープ、カブトムシのいる森林公園があるといい」

「畦畔にシバザクラを植えて小田を明るく美しくしたい」

「水路の水漏れが多いので修理を急いでほしい」

将来の夢から現実的な要望まで、住民の声がビッシリと並んでいる。

これは16歳以上の全住民を対象に行なったアンケートの結果を模造紙に切り貼りしたものだ。テーマは「これからの地域づくり」。分野は農業、特産づくり、里山活用、イベント、生涯学習など多岐にわたる。

対象者は500名。数も圧巻だが、その中身がとても興味深い。よく見ると、批判的意見、辛口のコメン

住民の声がビッシリ並んだ「共和の郷・おだ」の黒板

トもけっこうある。

「若い人たちだけで考えて実行できるような組織が必要。年寄りが幅を利かせているようではどうも……」

「行事を増やさないで」

多様な意見を漏らさず公平に掲示しているのだ。小田地区のリーダー吉弘昌昭さんは言う。

「ファーム・おだ」直営の直売所兼パン工房

「批判的な意見も大事なんです。次になすべきことが見えてきますからね」

みんなの意見を模造紙に張りだし、「見える化」することで参画意識を高める。そんな工夫がムラづくりには欠かせないのだという。

こうして集まった意見を実践に移すのは、吉弘さんが組合長を務める「農事組合法人 ファーム・おだ」。全農家の84％が参加する集落営農組織だ。「共和の郷・おだ」を1階部分、「ファーム・おだ」を2階部分とする「2階建て方式」の組織運営で、小田地区の農業と暮らしの両面を支えている。

「ファーム・おだ」では、要望の多かった「イノシシ・シカによる被害対策」として山際にワイヤーメッシュ柵をめぐらせ、ぐるりと集落を囲った。その長さは30㎞におよぶ。「イノシシを囲っとるんじゃのうて、人間が柵に囲われとる」と吉弘さんは笑う。だが、そのおかげで被害は激減した。

また「米を原料とした米粉パン、菓子、焼酎、地酒等を特産品に」という要望も多かった。これを受けて2012年春に「ファーム・おだ」直営の直売所兼パン工房が完成。米粉パンの販売をはじめた。原料の米粉は法人で栽培した米。毎日のように売り切れが続いている。事業化にあたっては新たに20代の女性を3名採用。店長、パートも含め9名の雇用を生み出した。

（DVD『語ろう！つくろう！農業の未来を』より）

実践その❷ ビジョンを手づくりの地図にしてみる

集落ビジョン、地域営農ビジョンなどを文章だけでなく手描きの地図で表現するのも面白い。

「共和の郷・おだ」では集落のビジョンを地図に描く「小田ビジョンマップ」作成を事業の一つとして位置付けている。地区の中心部を走る県道脇には何年も前から大きな看板型のマップが設置されている。だがそれとは別に、もっとリアルタイムでマップを描いていくことに意味があるらしい。

「ムラというのはこれで終わり、いうことがないんです。改善したいこと、やりたいことはいくらでもある。そんなビジョンや夢をみんなでしっかり共有するには、絵にするのが一番なんですよ」と吉弘さん。

手づくりマップは多くの集落営農組織に広がっている。左の図は広島県三次市の農事組合法人「ファーム紙屋」のマップ。夢として描いた加工所はその後実際に完成し、女性たちによる漬けものづくりがスタート。イベント等での販売も始まっている。

（DVD『集落営農支援シリーズ 地域再生編』より）

実践その❸ 話し合いや視察に若者の参加を促す

平成18年に設立した長野県駒ケ根市の農事組合法人「北の原」は、世帯主だけでなく奥さんやその息子たちも出資者となり、家族全員を構成員とする新しいタイプの集落営農だ。法人主催のイベントだけでも運営スタッフに加わるとか、勤め人にも可能な範囲で参加を促し、無理なく役割分担をしている。

法人設立前には、後継者となる若者を集めて話し合いの場を持ったり、先進地視察にも参加を募ってともに行動する機会を増やしたりもした。そうして徐々に気運を盛り上げた結果、構成員には集落のほぼ全戸41戸が参加し、79名が出資者となった。

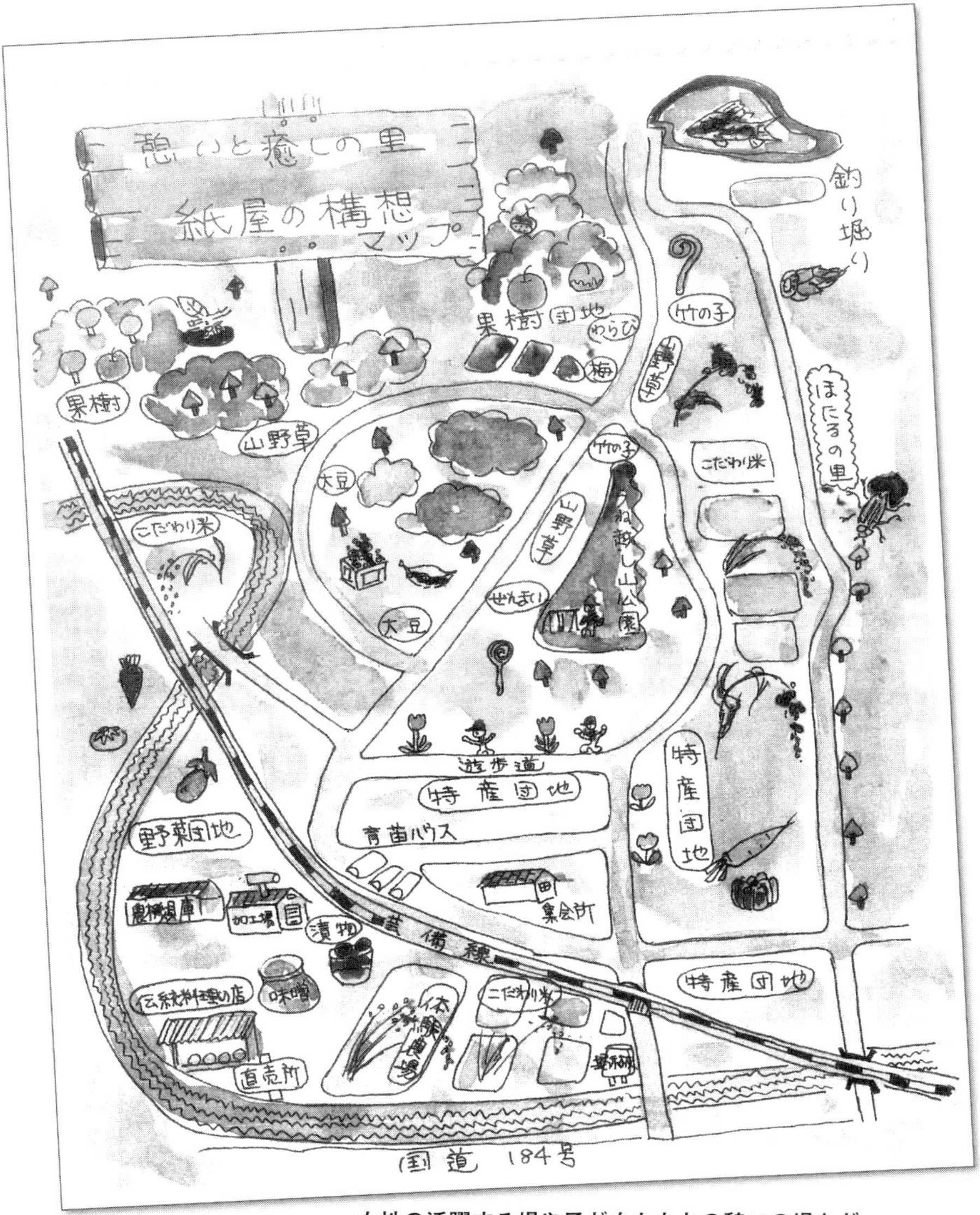

女性の活躍する場や子どもたちとの憩いの場など
集落で描いた夢をみんなで共有する「マップ」

若者に収穫祭の運営をまかせ、法人への活動参加を促す「北の原」。
法人で栽培したネギを焼き鳥にし、地域住民にふるまう

ある後継者は「(勤めながらでも法人に参加することで)定年になったらスムーズに帰農できるような助走期間を今のうちにつくっておきたい」とのことだ。法人として青年部や女性部を組織することでそれぞれの帰属意識を高める、といった工夫もしている。

(DVD『集落営農支援シリーズ 地域再生編』より)

ほかにも、さまざまなアイデアがある。山形県酒田市の特定農業法人の「㈱和農日向」では、法人設立にあたりリーダーの自宅に「目安箱」を設置した。話し合いの場では言いにくい意見や疑問も拾い上げ、納得いくまで何度も説明。そのうえで息子や親類ともよく相談してもらい、自分にメリットがあると思ったら法人に参加すればよい、というスタンスをとった。設立時は集落の5割近くの農地を集積。地権者の兼業農家は「個別経営のときより手取りが12万円増えた」と喜んでいる。

(DVD『集落営農支援シリーズ 法人化編』より)

法人への農地集積の方法では、福島県昭和村の特定農業法人・有限会社「グリーンファーム」の取り組みも興味深い。中山間地域の不整形で小さな田んぼが多

いため、法人が利用権設定を受けるときは３ha以上の連担化（団地化）を条件にする、というものだ。担い手としてバラバラに引き受けたのでは効率が悪すぎることもあるが「まずは自分たちでどう農地を守るかという集落での話し合いをしてもらい、そのうえで預けざるをえない農地があれば預かる」とは社長の小林安郎さん。集落でできることは集落で、という姿勢を基本にし、「法人は農家の最後の駆け込み寺」との位置付けだ。

（ＤＶＤ『集落営農支援シリーズ　事例編』より）

集落営農の映像作品シリーズは、こうした全国のさまざまな実践が事例ごとに10～30分でわかるようになっている。映像の利用者の方々からは「感心すると同時に感動した！」とか「視察に行くよりよくわかる」といった評価をいただいている。

「この手があったか」とさらに理解を深めたり、「うちではこんなことができそう」と構想を豊かにしたり……。この『集落・地域ビジョンづくり』をテキストに、あなたの地域でもＤＶＤ上映会を開いてみては？

※紹介した内容、肩書き等は映像作品に収録時のものです。

全国農業地域・都道府県	計	法人					非法人
		小計	農事組合法人	会社		その他	
				株式会社	合名・合資・合同会社		
福井	588	166	152	11	3	-	422
山梨	2	1	1	-	-	-	1
長野	337	70	50	18	-	2	267
岐阜	340	98	73	25	-	-	242
静岡	27	6	4	2	-	-	21
愛知	116	5	5	-	-	-	111
三重	298	45	42	3	-	-	253
滋賀	856	176	172	2	1	1	680
京都	322	47	27	16	3	1	275
大阪	2	-	-	-	-	-	2
兵庫	828	64	32	31	-	1	764
奈良	29	6	4	2	-	-	23
和歌山	14	1	1	-	-	-	13
鳥取	266	54	53	1	-	-	212
島根	486	159	153	5	1	-	327
岡山	237	45	43	2	-	-	192
広島	666	238	214	21	3	-	428
山口	326	186	182	3	1	-	140
徳島	27	5	4	1	-	-	22
香川	196	62	60	1	1	-	134
愛媛	95	28	24	4	-	-	67
高知	111	5	5	-	-	-	106
福岡	621	130	127	3	-	-	491
佐賀	609	7	6	1	-	-	602
長崎	114	8	7	1	-	-	106
熊本	414	19	15	4	-	-	395
大分	542	178	166	12	-	-	364
宮崎	129	23	17	6	-	-	106
鹿児島	142	20	18	2	-	-	122
沖縄	6	-	-	-	-	-	6

資料 全国の組織形態別集落営農数

農水省資料より（単位：集落営農、平成26年２月１日現在）

全国農業地域・都道府県	計	法人					非法人
		小計	農事組合法人	会社		その他	
				株式会社	合名・合資・合同会社		
全国	14,717	3,255	2,808	424	16	7	11,462
（全国農業地域）							
北海道	268	34	15	19	-	-	234
都府県	14,449	3,221	2,793	405	16	7	11,228
東北	3,307	506	385	117	3	1	2,801
北陸	2,346	850	745	102	3	-	1,496
関東・東山	977	250	209	38	-	3	727
東海	781	154	124	30	-	-	627
近畿	2,051	294	236	51	4	3	1,757
中国	1,981	682	645	32	5	-	1,299
四国	429	100	93	6	1	-	329
九州	2,571	385	356	29	-	-	2,186
沖縄	6	-	-	-	-	-	6
（都道府県）							
北海道	268	34	15	19	-	-	234
青森	193	27	26	1	-	-	166
岩手	673	88	74	14	-	-	585
宮城	882	112	61	50	1	-	770
秋田	724	196	176	20	-	-	528
山形	458	49	38	10	-	1	409
福島	377	34	10	22	2	-	343
茨城	155	20	11	9	-	-	135
栃木	202	25	24	1	-	-	177
群馬	116	70	70	-	-	-	46
埼玉	82	20	15	5	-	-	62
千葉	76	43	38	4	-	1	33
東京	-	-	-	-	-	-	-
神奈川	7	1	-	1	-	-	6
新潟	694	315	247	68	-	-	379
富山	778	266	261	5	-	-	512
石川	286	103	85	18	-	-	183

集落営農の事例に学ぶ
集落・地域ビジョンづくり
希望と知恵を「集積」する話し合いハンドブック

2014年 5月30日 第1刷発行

編者 一般社団法人 農山漁村文化協会

発行所 一般社団法人 農山漁村文化協会
〒107-8668 東京都港区赤坂7丁目6-1
電話 03(3585)1141(営業) 03(3585)1145(編集)
FAX 03(3585)3668 振替 00120-3-144478
URL http://www.ruralnet.or.jp/

ISBN978-4-540-13190-5
〈検印廃止〉

DTP 制作/㈱農文協プロダクション
印刷・製本/凸版印刷㈱
乱丁・落丁本はお取り替えいたします。